KB093278

/

강대인의
# 유기농 벼농사

# 강대인의 유기농 벼농사

ⓒ들녘 2005

초판 1쇄 발행일 2005년 6월 3일
초판 5쇄 발행일 2014년 4월 10일

지 은 이 강대인
기　　획 (사)전국귀농운동본부
정　　리 안철환
펴 낸 이 이정원

출판책임 박성규
편집책임 선우미정
편　　집 김상진 · 김재은
디 자 인 김지연 · 김세린
마 케 팅 석철호 · 나다연
경영지원 김은주 · 이순복
제　　작 송세언
관　　리 구법모 · 엄철용

펴 낸 곳 도서출판 들녘
등록일자 1987년 12월 12일
등록번호 10-156
주　　소 경기도 파주시 회동길 198번지
전　　화 마케팅 031-955-7374　편집 031-955-7381
팩시밀리 031-955-7393
홈페이지 www.ddd21.co.kr

I S B N 978-89-7527-484-8

유기농 강대인의 벼농사

들녘

농자재 만들기

 다양한 생태 제초법

# 하늘과 땅의 기운으로 짓는 벼농사

## 하늘의 기운으로 짓는 농사

무릇 농사란 하늘과 땅이 지어주는 것이라 했다. 사람이란 단지 자연의 이치에 따라 사는 자연의 심부름꾼과 같은 존재일 뿐이다.

하늘은 꼭 태양이 떠 있는 밝은 대낮만 있는 게 아니다. 오히려 무수한 별들이 빛나고 있는 밤하늘이 본래 모습일 것이다. 낮 하늘은 태양이 지배하지만 밤 하늘은 달과 별들이 지배한다. 그런데 따지고 보면 태양도 우주 천체의 하나이니 하늘의 기운이란 별들의 기운이라 해도 무방하다.

별들의 기운이라 하면 매우 추상적으로 들리지만 우주 밖에서 지구로 쏟아져 들어온다는 수많은 우주선(宇宙線, 우주에서 날아오는 입자선)들을 떠올려보면 언뜻 이해할 수도 있을 것이다. 물론 우주의 기운이 단순히 우주선만을 뜻하지는 않을 것이다. 전체적인 기운과 상호관계로 보아야 할 것이다.

별들 중에 태양의 영향은 아주 직접적이어서 금세 피부로 느낄 수 있다. 달 같은 경우는 그래도 밀물과 썰물을 일으키기 때문에 조금만 생각하면 그 또한 어렵지 않게 이해할 수 있다. 그렇지만 수억 광년 떨어진 우주의 수많은 별들이 지구에 영향을 준다고 하면, 그것도 지구에 사는 식물들에게 영향을 준다고 하면 이해하기가 쉽지 않을 것이다. 우리 눈에 도달한 별들의 빛은 셀 수도 없는 세월을 여행한 것이어서 이미 현재 시점에선 사라져 버렸을지도 모르기 때문에 더욱 그 영향을 생각하기가 어려울 듯하다.

그러나 우리가 직접적으로 못 느낄 뿐 지구가 우주의 별들과 동떨어져 존재하는 것도 아니어서 별들의 영향이 없다고 하면 그 또한 이상한 일이다.

예를 들면 24절기 중에 해의 길이가 제일 긴 하지(6월 하순쯤)를 지나면 여름 작물들은 대부분 영양생장(육체성장)을 끝내고 생식생장을 시작한다. 언제 심었든지 간에, 그래서 큰놈이든 작은놈이든 상관없이 하지를 지나면 생식생장을 하여 꽃대가 올라와 꽃을 피우고 씨를 맺어 2세 준비를 한다. 이로 볼 때 육체성장은 해가 지배하고 생식생장은 밤의 달과 별들이 지배한다고 추측할 수 있다.

태양계의 제5행성인 목성은 식물 중에 특히 벼과에 영향을 주는데, 같은 벼과에 속하는 대나무의 잎이나 갈대의 잎을 논에 넣어주면 벼에 좋고, 대나무를 논에다 듬성듬성 꽂아두면 목성의 기운을 더 빨아들이는 안테나 역할도 한다. 옛날에 벼과인 버드나무를 논둑에 많이 심었던 것도 같은 효과를 기대한 것이라고 할 수 있다.

우리 조상들은 원래 작물에도 사주팔자가 있다고 보았다. 그래서 아무 때나 파종을 하는 게 아니라 날을 받아서 했다. 『산림경제』와 같은 고전 농서를 보면 작물마다 파종하기에 좋은 날과 나쁜 날을 제시하고 있는 것을 알 수 있다. 대략적으로 볼 때 음력으로는 보름 전에 파종을 하고 수확은 그믐께에 했다. 사람도 음력으로 보름 전에 태어난 사람은 외향적인 경우가 많다.

앞에서 말한 것처럼 작물들도 별들의 영향을 받는데, 대개의 작물이 발아할 때 거의 모양이 같았다가 자라면서 점차 다른 모양을 만들어가는 것은 각자 자기에게 영향을 주는 별들이 다르기 때문이다.

내가 주로 쓰는 농법은 이른바 바이오다이내믹 농법(생명동태 농법)이다. 바이오다이내믹 농법이란 우주의 기운에 따라 짓는 농사법으로 1백 년 전 독일의 루돌프 슈타이너에 의해 만들어진 것이다. 그는 스위스에 있는 농법 연구소에서 매년 전 해의 천체를 관측해서 그에 맞는 당해의 농사력을 발표하고 있다. 그런데 재미있는 것은 우리 조상들이 썼던 농사력과 스위스의 이 농사력이 일치하는 경우가 많다는 점이다.

우리의 농사력은 60갑자에 따른 것인데, 사람의 사주를 60갑자에 따라 보듯이 작물에도 사주가 있다 해서 그것을 따져 파종과 수확 등 농작업의 좋은 날과 나쁜 날을 잡는 것이다. 이 60갑자는 동양의 오행五行론에 따른 것이고 또 오행론은 천문역법에 따른 것이다. 그러니 바이오다이내믹 농사력이나 우리의 전통 농사력이나 모두 하늘의 기운에 따른 것이라 할 수 있다.

원래 농사의 農(농)자는 노래 曲(곡)자 밑에 별 辰(신)자가 붙어 만들어진 글자다. 직역하면 별, 즉 일日 월月 성星 신辰의 노래가 농사라는 것인데, 그게 다 하늘의 기운에 맞춰 농사짓는다는 뜻이라 보면 된다.

## 벼와 대화하며 짓는 농사

옛말에 "작물은 농부의 발소리를 들으며 자란다"고 했다. 대부분 이 말을 작물을 자주 살펴보라는 뜻으로 이해한다. 틀린 말은 아니지만 나는 이런 해석보다 그 말 그대로 이해한다. 작물은 자기를 키워주는 농부를 알아본다. 식물은 자기를 공격하는 외부의 적을 알아보고 경계하며 주변 동료들에게 신호를 보내기도 한다. 또한 자기에게 좋은 조건이 주어지면 아주 좋아한다. 그러니 부모처럼 자기를 아껴주는 농부를 알아본다는 것은 너무도 당연한 일이다.

그래서 그저 많은 수확만 할 줄 아는 것보다 벼가 아주 건강하게 자라 튼실한 알곡들을 달리게 할 줄 아는 농부가 아비다운 농부이다. 그런 자식 같은 벼들에게 항상 아비인 농부가 곁에 있음을 알려주기 위해 나는 논에 갈 때마다 박수를 치며 논둑을 둘러본다. 한군데만 들르지 않고 논 전체를 한 바퀴 돌아야 한다. 옛날엔 나도 대충 한쪽만 둘러보곤 했는데, 나중에 보니까 내가 자주 들른 곳은 확실히 잘 자란 것을 알게 되었다. 농부의 발소리를 듣는다는 조상들의 말을 나는 그렇게 실감할 수 있었다.

농법이란 농사짓는 기술을 말하지만, 무릇 농사란 기술로만 짓는 게 아니다. 말 그대로 기술은 기술일 뿐, 그것으로 모든 걸 대신할 수 없다. 마음이 중요한 것이다.

앞에서 말했지만 농사는 하늘과 땅이 짓는 것이고, 그중 사람의 기술이란 아주 일부에 불과할 뿐이다. 그렇다면 기술보다는 하늘과 땅과 하나된 마음을 가질 줄 아는 것이 더 중요하다. 그래서 자연스레 벼와 하나된 마음을 익힐 줄 알아야 한다. 자식 대하듯 온갖 정성으로 벼를 대하다 보면 벼가 뭘 필요로 하는지 알 수 있다.

옛말에 초상집 다녀오고 나서는 파종하는 것이 아니라 했다. 초상집 다녀온 사람 마음이 별로 밝을 리 없는데, 그런 우울한 마음이 볍씨에게 좋을 리 없다는 것이다. 특히 부부 싸움하고 나서는 풀 매는 일은 어떨지 몰라도 파종은 안 하는 법이다. 풀 매는 일은 일종의 살생 행위이지만 파종하는 것은 생명을 잉태하는 일이기 때문이다.

종자로 쓸 볍씨를 거둬들일 때에도 되도록 낫으로 베고, 볍씨를 털어내기 위해 훑을 때에도 홀태로 하든가 직접 손으로 훑는 게 좋다. 콤바인으로 강타해버리면 사람도 어릴 때 받은 충격이 평생 가듯이 볍씨도 그에 충격을 받아 평생 약하게 자라고 병에도 걸리기 쉽다.

사람도 어릴 때 어머니의 사랑이 담긴 밥을 먹고 자라야 정서도 안정되고 인격도 고루 갖출 수 있다고 했다. 비행 청소년들이 대개 어릴 때 인스턴트 음식을 먹고 자랐다는 말도 다 그런 이유 때문일 것이다. 마찬가지로 벼를 키우는 농부의 마음이 찌들어 있다면 그 벼가 건강하게 자랄 리 만무하다. 농약을 치지 말아야 하는 이유도 거기에 있다. 독한 농약을 자기 몸에도 적셔가며 작물에 뿌리는 농부의 마음이 고울 리가 있겠는가.

平和(평화)라는 말을 한번 보자. 이중 和(화)자는 禾(벼 화)에 口(입 구)가 합쳐진 글자로, 곧 쌀이 입으로 들어간다는 말이다. 그래서 평화란 쌀을 평등(平)하게 나눠 먹는 일이고 그 평화를 짓는 사람이 바로 농부인 것이다. 그런데 쌀을 골고루 나눠 먹는 것도 평화지만, 어떤 쌀을 먹느냐도 중요하다. 예컨대 농약과 비료에 찌든 쌀에서 평화가 올 수 있을까? 또 상업주의와 농약에 찌든 농부의 마음에서 평화가 올 수 있을까?

우리 조상들은 먹을거리가 제일 훌륭한 보약이라 해서 밥을 불사약不死藥, 반찬을 불로초不老草라 했다. 의성醫聖 히포크라테스도 음식으로 고치지 못하는 병은 의사도 못 고친다고 했다. 그런데 그런 먹을거리가 이미 오염되어 있다면 불사약, 불로초는커녕 우리의 몸과 마음을 망치는 독약이 되는 것이다.

자연에 가깝게 자란 것일수록 그 생명은 건강하다. 가축들도 사료를 먹여 키운 것보다 원래 먹이대로 먹고 자란 게 더 건강하고 맛도 좋다. 물고기도 양식보다는 자연산이 더 맛있다. 하물며 동물도 이러한데 사람 몸이야 어떻겠는가. 도시 사람의 똥은 거름으로도 쓰기 힘들다 할 정도로 우리는 방부제와 농약으로 가득 찬 먹을거리를 먹으며 산다. 다 죽은 생명의 기운을 먹으며 사는 것이다.


## 유기농사에 맞는 종자 개량


유기농사의 성공 여부는 종자에 달려 있다. 아무리 유기농사로 땅을 살리고 벼의 자생력을 키운다 해도 종자 자체에서 문제가 있으면 원하는 결과를 제대로 얻을 수 없다. 문제 있는 씨앗에서 제대로 된 열매가 나올 수는 없는 일이다. 그래서 나는 미질 향상에 관심을 갖고 꾸준히 육종을 한 결과 밥맛 좋은 다양한 품종의 쌀을 개발할 수 있게 되었다.

내가 유기농을 처음 시작했을 때는 각종 병충해나 잡초와 싸우느라 종자 문제에 관심을 둘 여유가 없었다. 그렇게 처음으로 무농약 농사를 지어 수확을 하게 되었는데, 내가 유기농으로 쌀을 생산했다는 말이 퍼져 직접 찾아와 쌀을 사갔던 한 소비자가 별안간 밥맛이 왜 이 모양이냐며 반품하겠다는 게 아닌가. 아무리 무농약 쌀이라고 하지만 벼멸구가 먹은 쌀인데다 맛도 좋지 않은 통일벼 종자로 지은 쌀이니 당연한 일이었다. 어떻게 해서 지은 쌀인데 이렇게 무시를 당하다니 하는 억울한 마음도 들었지만, 이 사건으로 나는 마음을 가다듬고 유기농에 맞는 종자 개발에 나서게 되었다.

농사는 작물의 자연적 본성을 잘 이해하지 못하면 할 수 없는 일이다. 결코 사람의 인위적인 노력으로만 될 수가 없다.

예컨대 모와 벼는 엄연히 다른 것이다. 논에 심어졌다고 해서 무조건 벼가 아니다. 모는 보통 예닐곱 잎이 달린다. 첫 잎이 나오는 데 1~2일, 두 번째 잎은 2~3일, 그리고 예닐곱 잎이 다 나올 때까지 40~45일 걸리는데 이때부터 벼가 되는 것이다. 그래서 우리 선조들은 여섯 잎이 날 때 뿌리를 잘라 모내기를 했다. 뿌리를 잘라주면 키도 막 크지 않고 튼튼하게 자란다.

그런데 지금은 어떠한가? 10일도 안 된 8일 모를 이앙기로 그냥 막 심어버리는 지경에까지 이르렀다. 그러니 벼가 막 커버려 바람에도 잘 쓰러지고 병에도 약하다. 벼가 약하고 키가 크면 미질은 좋지만 수확량도 적고 병에도 약하다. 그래서 적당히 키우는 게 중요하다. 원래 미질이 좋으면 병에 약하고 수확량도 적은 반면, 병에 강한 종자는 맛이 없게 마련이다. 자연은 인간에게 두 가지를 한꺼번에 주지 않는다고 한다. 나머지는 그 이치를 잘 이해해서 사람이 노력해야 하는 것이다.

좋은 종자를 만들기 위해 교배도 시켜보고 좋은 것을 구하기 위해 서해안 외딴섬까지 찾아가 보았지만 이미 오래 전에 우리나라에는 토종이 사라져버렸다. 그러다 혹시 일본에 가면 구할 수 있을 것이라는 생각이 들었다. 옛날에 일본이 우리에게서 종자를 구해갔으니 그것을 다시 얻어다 우리 토양에 맞게 잘 육종하면 되겠다 싶었던 것이다.

원래 우리 선조들의 농법은 매우 선진적이어서 일본으로 전해지고 중국 일부에까지도 역으로 전해질 정도였다. 그러나 오랜 세월 동안 사농공상士農工商이라는 유교사회와 식민지 시대 그리고 공업화를 추진했던 6, 70년대를 거치면서 전통 농법은 완전히 밀려나고 이제는 토종 종자조차 다 사라져 종자 수입국으로 전락해버리고 말았다.

그래서 다시 우리 선조로부터 퍼져간 종자의 후손들을 중국과 일본에서 구해다가 우리 토양에 맞게 계속 육종, 개량하기로 마음먹었다. 우리 토양에 맞는 것을 개발하다 보면 우리 토종에 근접한 종자를 얻을 수 있을 것이라 생각한 것이다. 그래서 지금은 많은 시행착오와 노력 끝에 개발한 종자가 이른바 '대인·정농 1호'부터 시작해서 지금은 대략 80여 종에 이른다.


## 오행에 맞는 다섯 가지 색의 쌀

종자를 교배해서 새로운 종자를 얻는 일은 마치 하나의 예술과도 같다. 벼라는 생명과 교감하여 새로운 생명의 씨앗을 만들어내는 일은 그 어떠한 아름다움을 창작하는 예술보다도 더 큰 신비로움을 안겨준다. 그중에도 가장 묘미 있는 것은 색깔 있는 쌀을 만드는 일이다.

쌀도 오행의 원리에 맞게 제 색깔들이 다 있다. 동서남북 사방과 중앙이 있듯이 동東에 해당되는 청색의 녹미綠米가 있고, 서西에는 백색으로 우리가 매일 먹는 백미가 있고, 남에는 적색의 적미, 북에는 흑색으로 흑미, 그리고 중앙에는 황색의 현미玄米가 있다.

　오색의 모든 쌀은 나름의 약효를 갖고 있다. 그중에 흑미는 『동의보감』에 따르면 신수(콩팥)를 좋게 하여 남자에게는 정력에 좋고 여자에게는 피부에 좋다고 한다. 보통 '신수가 훤하다'는 말은 얼굴색이 좋아 건강해 보인다는 것인데, 바로 흑미가 그런 효과를 준다는 것이다. 소갈증(당뇨병)에도 좋은 흑미는 기름에 볶아 차(茶)로 먹어도 좋고, 매일 한 숟가락씩 밥에 넣어 함께 지어먹으면 밥이 검해지고 진한 향기에 찰기가 더해져 밥맛이 좋아진다. 특히 유기농으로 지은 흑미에는 암 예방에 좋은 셀레늄 성분이 많이 포함되어 있다고 한다.

　흑미만이 아니라 앞의 네 가지 색깔의 쌀도 미질 좋은 종자와 직접 교배하면서 만들었는데 이 또한 우리 것은 진작에 사라져 일본과 중국에서 구해왔다. 그러나 이 쌀들의 약 효과에 대해서 『동의보감』에 자세히 나오는 것을 보면 우리 조상들이 이런 농사를 지었다는 것은 틀림없는 사실로 보여진다.


### 자연농약이자 건강식품인 백초액


　다음으로 나는 각종 채소들로 만든 백초액百草液을 농약 대신 뿌려준다. 백초액은 산나물과 무공해로 재배한 채소, 열매 그리고 영지버섯과 돌김, 미역, 파래 등 해초까지 약 백여 가지의 천연 재료를 흑설탕에 버무려 2년 이상 숙성시킨 것으로 작물의 병충해 예방 능력을 키워준다.

야채 효소 중에서도 백초액의 가장 큰 특징은 바다 해초류까지 함께 발효시켰다는 점이다. 그래서 백초액은 비타민, 미네랄, 유기산류 등 천연 효소를 다량 함유하고 있어 건강식품으로도 손색이 없다.

처음엔 농약 대용으로 쓰고 남는 걸 주변 사람들에게 제작비만 받고 주었는데 점차 찾는 사람들이 많아져 따로 '우리원'이라는 식품 회사를 차렸다. 상품 등록도 이름 그대로 '백초액'으로 했다.

백초액은 내가 만들었지만 사실 조상들로부터 배운 것이나 마찬가지다. 선친께서 보시던 고전 농서를 공부하던 중에 산과 들에서 나는 산야초를 썩혀 살충제로 쓰면 효과가 있다는 것을 알게 되었다. 그리고 어릴 적 어르신들께서 해초 삶은 물을 쓰면 방충에 좋다는 말도 떠올라 두 가지를 함께 삭히면 더 효과가 있겠다는 생각에 이른 것이다.

처음 백초액을 만들고는 먼저 내가 단식용으로 시식해보았다. 사람에게도 좋으면 벼에게도 좋을 것이라 생각했기 때문이다. 나는 지금도 겨울이면 토굴에서 백초액만 먹으며 21일이나 40일 단식 기도를 한다. 예상했던 대로 사람뿐 아니라 벼에게도 건강식으로 뛰어나 벼들이 병충해에 강해짐을 확인할 수 있었다.


**관행농업을 넘어 대안농업으로**


농약과 화학비료에 의존한 이른바 근대 농법은 수확량 면에서 농업혁명을 이뤘다. 그러나 쌀의 미질은 관심 밖이었다. 1970년대에 유행했던 통일벼 계통이 전형적이다. 더욱 큰 문제는 그 다음에 찾아왔다. 농약과 화학비료에 의해 땅은 산성화되어 죽어버렸다. 수확량은 많았지만 병충해에 매우 약해져 농약을 많이 쳐야 했고 그게 누적되어 이제는 더 이상 생산량 증대는 불가능해졌다. 어떻게 보면 오랜 세월 동안 조상들이 정성들여 땅을 살려왔기 때문에 농약 농법이 통했는지도 모른다.

그러나 땅이 살아 있고 종자만 계속 개량된다면 근대 농법의 한계를 얼마든지 뛰어넘을 수가 있다. 말하자면 양도 많고 질도 좋으며 생명력도 높은 벼 종자 개발이 가능하다는 것이다.

자연은 원래 두 가지를 다 주지 않는다고 했다. 곧 수확량과 미질이 동시에 좋을 수는 없는 일이다. 맛이 좋으면 수확량이 적고 수확량이 많으면 맛이 떨어지게 마련이다. 나머지는 이제 사람의 몫이다.

예를 들면 일본에 '고시히카리'라는 종자가 있는데 앞으로는 이놈만큼 미질이 좋은 것은 나오지 않을 것이라고 할 정도로 맛이 매우 뛰어나다. 그런데 이놈은 바람에 약해 잘 쓰러지고 도열병에도 너무 약한 단점을 갖고 있어 일본 정부에 의해 폐기되고 말았는데, 이를 농민들이 해결해버렸다. 그렇게 사람의 몫이 따로 있다는 것이다.

나도 이놈을 얻어다 심어보았지만 마찬가지로 잘 쓰러졌다. 우리 토양에는 잘 맞지 않는 것 같았다.

내가 아는 일본의 한 농부는 1단보당(300평) 1.5톤을 수확한다. 내가 아무리 부탁해도 그 농부는 노하우를 절대 알려주질 않는다. 보통 관행 농법으로 잘해야 다섯 가마 수확하는 것을 볼 때 놀라운 일이 아닐 수 없다. 나도 몇 년 전부터 1단보당 예닐곱 가마 소출하다가 드디어 1톤짜리 볍씨를 개발했다. 그런데 그걸 어떻게 해낼 수 있었느냐고 물어보면 한마디로 감이라고밖에 할 말이 없다. 나와 벼만이 아는 비밀이라고나 할까.

그렇다고 이 볍씨를 아무나 갖다 심는다고 해서 그 정도 나오느냐 하면, 절대 아니다. 그 비밀은 우선 열린 마음에 있다. 벼와 대화할 수 있는 마음 말이다. 아마 1.5톤 수확하는 일본 농부가 비법을 알려주지 않는 것은 알려줄 수가 없기 때문일 것이다.

물론 수확량이 우선은 아니다. 판매만이 목적도 아니다. 농부에게는 자식 같은 생명들이기에 그저 그들과 함께 노는 것이 좋을 뿐이다. 그걸로 식구들이 따뜻하게 감사한 마음으로 먹고 또 함께 나눈 이웃들이 행복하면 그뿐이다.

그러나 많은 사람들이 유기농으로 농사를 지으면 수확량이 적다는 선입관을 갖고 있는 게 사실이다. 현재까지는 전체적으로 볼 때 유기농이 일반 관행농보다 생산량이 적기는 하지만 그렇다고 그것이 고정된 진실일 수는 없다. 유기농을 오랫동안 해온 사람들이 말하듯이, 농약으로 죽은 땅이 다시 살아나면 수확량은 관행농 못지않은 결과를 낸다. 더 나아가서는 관행농으로는 도저히 좇아올 수 없는 결과를 낼 수가 있다.

농약으로 땅이 오염되어 있다면, 아무리 비료를 많이 주어도 한계가 뚜렷하다. 오히려 나중에는 수확이 더 줄어든다. 반면 유기농으로 땅이 살아 있다면 그 한계는 별 의미가 없어지고 만다.

다시 말하지만 농사는 하늘과 땅이 짓는 것이지 사람이 다 짓는 것은 아니다. 하늘과 땅이 하는 일에 사람은 그저 부분적인 역할을 할 뿐인데, 거기에다 사람의 욕심을 강요할 수는 없는 일이다. 수확량이란 것도 그런 이치에 충실하다보면 절로 일어나는 것이지, 사람의 인위적인 노력으로

될 수 있는 일이 아니다. 다만 하늘과 땅의 이치에 따르고 그 안에서 스스로 돕는 자를 하늘과 땅은 알아서 도와줄 것이라고 믿을 뿐이다.

강대인

# 벼의 종류와 특성

# 벼의 종류와 일생

## 벼의 종류

벼는 크게 논벼(수도水稻)와 밭벼(육도陸稻)로 구분하며, 익는 순서에 따라 올벼(조생종早生種)와 늦벼(만생종晩生種)로 나눈다. 쓰임새에 따라서는 메벼와 찰벼로 나누고, 색깔로는 흑미 · 녹미 · 적미 · 현미 · 백미로 나눈다. 그리고 품종으로 나눌 때는 자포니카Japonica 형, 인디카Indica 형, 자바니카Javanica 형으로 나눈다.

벼는 원래 열대와 아열대 지역이 원산지이지만 적응력이 뛰어나 북위 47도의 러시아 남부에서 남위 40도의 아르헨티나까지, 그리고 지대로는 해발 2천4백 미터의 히말라야 산맥까지도 재배가 가능한데다 1~3미터 깊이의 물에서도 자라는 작물이다.

그러나 벼는 원래 수생식물이어서 무논에서 더 잘 자라기 때문에 논벼가 밭벼보다 소출도 많고 맛도 더 낫다. 밭벼는 산악지대나 물이 부족한 지역, 또는 가뭄이 아주 심할 때 주로 심는다. 밭벼는 소출이 적지만 생명력이 강해 병에 강하고 거름도 덜 타 재배하기 쉬운 장점이 있다.

벼의 일생은 크게 몸체를 형성하는 영양생장기간과 꽃을 피워 이삭을 맺고 열매를 맺는 생식생장기간으로 나누는데, 올벼와 늦벼의 차이는 영양생장기간에 있다(즉 생식생장기간에는 차이가 없다). 그래서 올벼는 영양생장기간이 짧고 늦벼는 길다. 영양생장기간이 짧은 올벼는 서리가 늦게까지 내리거나 일교차가 큰 곳이 좋고, 늦벼는 남부지방처럼 기온이 비교적 따뜻한 지역이 좋다. 요즘엔 남부지방에서도 올벼를 심는 경우가 많은데, 이는 빨리 수확한 다음 다른 작물을 심어 논을 이모작二毛作으로 이용하기 위해서다. 이와 마찬가지로 늦벼는 6월에 수확하는 감자나 마늘, 양파 같은 작물의 다음 작물로 심는다. 늦벼는 늦게 심는다 해서 '마냥벼'라고도 하며, 하지(양력 6월 20일경) 때 심는다 해서 '하지벼'라고도 한다.

요즘엔 더 분화하여 전체 생장기간에는 차이가 없지만 올벼처럼 일찍 심어서 영양생장기간을 충분히 연장시켜 다수확을 목적으로 하는 조식부植재배형의 중만생종(만석벼, 금강벼 등)이 있다. 또 파종은 적기에 했으나 천수답처럼 물을 적기에 댈 수 없는 지역에서 불가피하게 늦게 모내기해야 할 경우, 모의 노화 피해를 줄이기 위한 목적의 만식晚植재배형(새추청벼, 만안벼, 호안벼, 그루벼, 대야벼, 춘향벼 등)이 있다.

메벼와 찰벼는 전분에서 차이가 난다. 메벼는 전분 중 찰기를 결정하는 아밀로펙틴amylopectin이 70∼85퍼센트이지만 찰벼는 그것이 거의 100퍼센트이다.

쓰임새와 색깔별로 나누는 흑미, 녹미, 적미, 현미, 백미는 동양철학의 5행 사상과 맞닿아 있다.

지역적 분류로 나눌 때 우리나라와 일본에서 주로 재배하는 자포니카 형은 찰기가 많은 데 반해, 인도와 인도네시아, 베트남, 중국 남부지방에서 주로 재배하는 인디카 형은 거의 찰기가 없어 우리 입맛에 맞지 않고, 인도네시아의 자바 섬에서 주로 재배하는 자바니카 형은 입으로 불면 날아갈 정도로 찰기가 없다. 그래서 손으로 밥을 집어먹는 인도 사람들은 찰기가 많은 자포니카 형 쌀을 먹지 못한다.

다른 말로 일본형이라 불리는 자포니카 형은 식물의 학명을 우리보다 앞서서 작명한 일본에게 선수를 빼앗긴 대표적인 경우인데, 단지 이름만 빼앗긴 것이 아니라 일제 식민지 시대 때 우리의 토종을 멸종시키고 자기네 것으로 만든 제국주의의 산물로 볼 수 있다.

마지막으로 구체적인 개별 품종들을 나열해보면 아마 벼만큼 개별 품종이 다양한 작물도 드물 것이다. 1910년대 우리나라의 재래품종을 조사한 것에 따르면 그 수가 무려 1,451종이나 되었다고 한다. 이렇게 벼 종자가 많은 것은 벼만이 갖고 있는 자가수분自家受粉에 의한 번식 방법 때문이다. 벼의 꽃 구조를 보면 수술이 암술을 감싸고 있는데다 꽃도 오전에 두 시간 동안 딱 한 번 열리기 때문에 타가수분他家受粉이 거의 불가능하여 자가수분으로만 번식하게 된다. 이를 자식성自殖性이라 하는데, 이 때문에 잡종 번식이 잘 일어나지 않고 대부분 순종을 지켜나간다. 이런 성질 때문에 벼는 인위적인 육종으로 종자 개발이 가능하고 그렇게 만들어진 새로운 종자는 자식성에 따라 계속해서 자신의 순종을 이어갈 수 있는 것이다. 즉 인위적인 교배에 의해 벼의 종자를 다양하게 만들 수 있다는 뜻이 된다.

## 벼의 일생

벼는 크게 영양생장기와 생식생장기라는 두 개의 과정을 거쳐 자신의 일생을 마감한다. 영양생장기는 벼의 몸체를 만드는 시기이고, 생식생장기는 2세를 위한 볍씨를 만드는 시기이다.

### 영양생장기

영양생장기는 육묘기와 분얼*기로 나뉘고, 그 중간에 모내고 난 후의 활착기가 있다. 육묘기에는 씨앗의 영양분이 다 떨어지는 이유기離乳期가 있는데, 세 번째 잎이 다 만들어진 뒤 네 번째 잎이 만들어지는 시기(3.5엽)를 말한다. 관행농법에서는 아직 씨앗의 양분이 남아 있는 3.5엽 때를 모내기 적기로 하고 있으나 사실 이때는 뿌리의 활력이 약해서 모내기에 이른 시기다. 또 모를 내면 몸살을 앓게 마련이어서 어린 모를 옮겨 심으면 벼의 활력이 약해질 수밖에 없다. 볍씨의 양분이 남아 있을 때 옮겨 심어야 잘 활착한다고 하지만, 실제로 활착하기 위한 관건은 뿌리의 활력에 있기 때문에, 볍씨에 양분이 있다 해도 아직 뿌리가 약해서 모를 내면 몸살을 더 앓게 된다. 그래서 적당한 모내기 시기는 분얼이 나오기 시작하는 5엽의 발생과 6엽이 나오기 시작한 큰 모, 즉 성묘成苗를 옮겨 심는 게 좋다. 이때는 분얼과 함께 두 번째 관근이 나오고 세 번째 관근이 나오기 시작해서 모 뿌리의 활력이 왕성해지기 시작하는 때다.

---

* 분얼分蘖: 땅속에 있는 벼의 마디에서 새 가지가 나오는 것을 말한다. 다른 말로는 가지치기, 새끼치기, 포기치기 등이 있다.

# 친환경 벼 재배력 (栽培曆)
### (300평 기준)

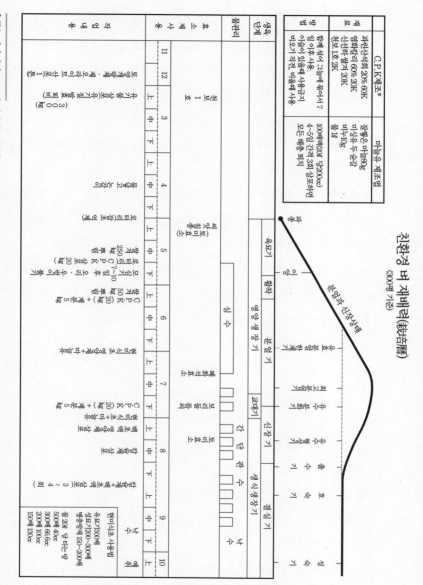

생육과 신장상태

| 생육단계 | 묘종 | 활착 | 영양생장기 | 분얼기 | 신장기 | 결실기 |
| --- | --- | --- | --- | --- | --- | --- |

**C.P.K제조\***

| C.P.K제조\* | 마늘유 제조법 |
| --- | --- |
| 과린산석회 20% 60K<br>염화칼리 60% 20K<br>천립 1호 2K | 정백은 마늘80g<br>미삼우 무 술잔<br>바나10g<br>물1ℓ |
| 함께 섞어 그늘에 묶어서 7일 이후 사용.<br>이슬이 있을때 사용금지<br>비오기 직전 비올때 사용 | 100배액으로 2000cc<br>4~5일 간격 3회 살포하면<br>모든 해충 퇴치 |

\* 무농약까지만 쓰고 유기재배는 불가

모가 논에 들어가 활착한 다음에는 분얼이 왕성하게 일어나는데, 유효분얼과 무효분얼로 나누어진다. 유효분얼은 이삭을 맺는 분얼을 말하고 이삭을 맺지 못하는 분얼을 무효분얼이라 한다. 무효분얼은 곧 죽어버리기 때문에 최고분얼기를 지나면 앞의 '친환경 벼 재배력' 도표에서처럼 곡선이 하강국면으로 접어든다. 무효분얼이 일어나는 것은 늦게 만들어진 분얼이 시간적으로 이삭을 만들 수 있는 여유가 없어서 최고분얼기 이후 대부분 죽어버리기 때문이다.

영양생장기의 재배 목표는 왕성한 분얼에 있다. 모를 키우고 모내는 것도 이 분얼에 목표를 둔다. 즉 뿌리에 중점을 둔 육묘와 성묘를 적은 포기로 심어야 분얼을 왕성하게 일으킬 수 있다. 일반 농가에서는 아직 어린 모를 많은 포기로 모내는 경우가 보통인데, 원래 소출은 분얼한 가지에서 많이 열리기 때문에 이런 방법으로는 벼 이삭을 많이 맺게 할 수 없다. 또 많은 포기를 심다보니 촘촘하게 심은 것과 다름없어 분얼도 약하고 벼도 건강하게 자라기 힘들다.

분얼을 왕성하게 하기 위한 핵심은 인산을 중심으로 한 시비와 심수관리에 있다. 어떤 작물이든 마찬가지겠지만 벼 역시 뿌리를 강하게 키우는 것이 재배의 관건이다. 뿌리를 힘차게 키우는 데에는 질소 거름이 아니라 인산 거름이 필수다. 새 분얼이 만들어지기 전에는 항상 새 뿌리가 먼저 만들어지게 되어 있다. 최초의 분얼은 보통 다섯 번째 잎(5엽)이 만들어질 때 발생하지만 새로 만들어지는 뿌리(관근)는 4엽이 만들어질 때 나오기 시작한다. 따라서 새로 만들어지는 뿌리가 튼튼해야 분얼도 힘차게 나올 수 있다.

분얼이 왕성해지려면 온도 관리도 중요하다. 온도 변화가 심하지 않고 일정하게 유지되어야 분얼이 원활하게 진행되는데, 온도가 심하게 떨어진다거나 변화가 심하면 분얼이 제대로 일어나지 않을 뿐 아니라 일어나도 무효분얼이 되고 만다. 그래서 심수관리가 필요하다. 심수관리는 제초를 하기 위한 목적도 있지만 온도를 일정하게 유지함으로써 분얼을 촉진하는 목적도 있는 것이다.

### 생식생장기

생식생장기는 유수 분화기부터 성숙기까지의 기간을 말하는데, 출수기(이삭이 팼을 때)를 기점으로 앞에는 신장기, 뒤에는 결실기가 된다. 전기가 신장伸長기인 것은 이때가 되면 이삭 줄기의 마디 사이가 급신장하기 때문이다. 그리고 이제 벼는 육체 성장이 둔화되고, 이삭의 성장은 가속화되기 때문에 이때부터 잎이 만들어지는 기간은 두 배로 느려진다.

이 신장기에는 어린 이삭(유수)이 분화하면서 동시에 이삭의 줄기가 급신장하며, 후반부에는 꽃가루가 만들어지는 감수분열기(생식세포분열기)를 맞이하고 이때부터 이삭이 패기 전까지를 수잉기穗孕期라 한다.

어린 이삭이 분화하여 1~1.5밀리미터 정도 자라면 줄기 껍질을 벗겨서 육안 관찰이 가능하다. 이삭이 분화하기 시작하면 10일 동안에 벼알 수가 결정된다고 한다. 이삭거름은 바로 이때 주면 된다. 그리고 심수관리했던 물을 빼주고 간단관수로 들어간다.

그러나 벼알이 최대한 불어났다가 다시 줄어드는 현상이 일어나는데, 이를 이삭의 '퇴화현상'이라 하고 감수분열기에 가장 심하게 일어난다. 즉 꽃가루가 속에서 제대로 만들어지다가 이삭이 나오기 전에 퇴화하는 것이다.

활력 있는 꽃을 만들기 위해서는 꽃가루가 형성되는 감수분열기에 벼 체내에 전분이 충분히 축적되어 있어야 한다. 그러나 전분은 이삭거름을 준다고 해서 바로 만들어지는 것이 아니라 분얼이 왕성하게 일어나는 시기에 생겨난다. 미리미리 준비가 되어 있어야 감수분열 때 퇴화현상을 줄일 수 있다. 그렇지 않으면 쭉정이가 많이 생기게 된다.

결실기의 시작은 이삭이 팰 때부터다. 이삭이 패기 시작하는 때는 전날 밤중이나 이른 아침부터다. 이삭은 마지막 잎사귀에 둘러싸여 있고 그것을 벌리면서 나온다. 그리고 꽃은 이삭이 나올 때 동시에 열리거나 다음날 열리는데, 열리는 시간은 오전에 2시간 정도뿐이다. 수술이 암술을 둘러싸고 있는데다 개화시간도 짧아 타가수분은 전혀 불가능하다. 이렇게 수분이 되면 4~5시간 내에 수정이 완료된다.

# 벼의 생김새와 성격

## 볍씨의 생김새

볍씨는 크게 안쪽의 현미와 그것을 둘러싸고 있는 겉껍질인 왕겨로 되어 있다. 왕겨는 다시 두 개로 나눠지는데, 큰껍질(외영外穎)과 작은껍질(내영內穎)이 그것이다. 큰껍질은 왕겨의 3분의 2를 차지하여 현미의 안쪽을 싸고 있으며 작은껍질은 바깥에서 현미의 등 쪽을 싸고 있다. 까락은 큰껍질의 앞부분이 발달하여 만들어진 것이다.

밀과 쌀보리는 이 껍질을 탈곡할 때 자연스레 벗겨져서 속 씨앗이 털려 나오는데, 쌀은 밀착되어 탈곡된다. 겉보리도 마찬가지다. 그래서 밀은 탈곡해서 바로 현미처럼 먹을 수 있지만 겉보리는 쌀처럼 정미를 해야 한다.

보통 먹는 백미는 현미를 또 정미한 것인데, 이는 왕겨처럼 껍질을 벗기는 것이 아니라 현미의 피부를 깎는 것이다. 아홉 번 깎으면 '9분도미', 다섯 번 깎으면 '5분도미'라 한다.

왕겨말고도 껍질이 또 있는데 바로 받침껍질(호영護穎)이다. 이는 볍씨

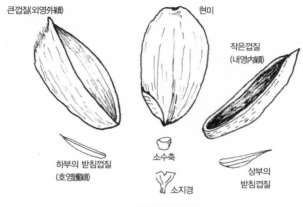

〈그림 1〉 볍씨의 구조

를 받치고 있는 역할을 하여 이런 이름이 붙었는데, 이것도 왕겨처럼 열매 덮개의 일종이며 한 쌍으로 되어 있다. 어떤 것은 왕겨처럼 길게 발달한 것도 있다.

마지막으로 볍씨를 물고 있는 꼭지와 같은 것으로 소지경이 있고 그 위에 이삭과 연결되는 소수축이 있다.


## 현미의 생김새

현미는 크게 속껍질(쌀겨)과 씨젖(배유胚乳), 씨눈(배아胚芽)으로 되어 있다. 씨젖은 우리가 먹는 쌀의 대부분을 차지하며 벼의 열매에 해당하고, 씨눈은 벼의 생명이 시작되는 근원이다. 이 눈이 싹이 터서 자랄 때 씨젖이 초기 영양을 제공해준다.

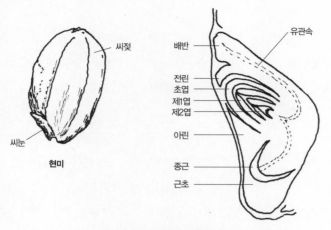

〈그림 2〉 현미의 생김새와 씨눈의 구조

백미는 이중에서 속껍질을 깎고 눈까지 깎아내 씨젖만 남긴 것이다. 생명의 근원인 눈을 제거했으니 어떻게 보면 쭉정이만 먹는 꼴이다. 이렇게 제거하는 과정에서 나온 것이 쌀겨(미강米糠)다.

재미난 것은 위의 그림에서 보듯이 씨눈이 새싹의 뿌리와 잎사귀를 다 품고 있다는 점이다. 3엽때까지는 씨젖의 영양으로 자라고 다음 잎사귀부터는 스스로의 힘으로 피워내야 하는 이유기, 곧 젖떼기가 시작된다.

현미에는 단백질ㆍ지방ㆍ칼슘ㆍ섬유 성분이 많이 포함되어 있는데, 현미를 깎을수록 영양분은 감소된다. 특히 속껍질과 씨눈이 차지하는 부분은 작지만 영양분이 이곳에 집중되어 있기 때문에 속껍질과 씨눈이 제거된 백미를 먹는다는 것은 전분(탄수화물)만을 먹는 꼴이 된다.

## 볍씨의 싹트기

모든 씨가 그렇듯이 볍씨도 싹을 틔울 때는 적당한 수분과 온도가 필요
하다. 볍씨는 특히 두터운 왕겨로 둘러싸여 있어 수분이 흡수되는 시간이
길고 그만큼 싹트는 시간도 길다.

직파가 아닌 모내기로 한다면 인위적으로 볍씨를 물에 담가 싹을 틔운
다. 보통 섭씨 15도로 5~7일간 물에 담가놓으면 싹이 튼다. 싹은 먼저
첫 번째 잎사귀인 초엽을 틔우고 그 다음 종자근이 나오는데 종자근은 더
욱 빨리 자란다. 산소가 없어도 싹은 잘 트지만 뿌리는 거의 자라나지 못
하고 잎사귀만 틔운다. 적당한 산소가 공급되어야 뿌리의 발생과 성장이
원활하므로 너무 깊게 심지 않아야 한다. 흙은 볍씨의 두 배 정도로 덮으
면 된다. 깊게 덮으면 뿌리의 발육도 나쁠 뿐 아니라 중배축근(〈그림 13〉
벼 뿌리의 형태 그림 참조)을 발생시키고 초엽은 웃자라게 되어 모가 건강하
게 자라지 못한다.

물에 5~7일간 담글 때도 그냥 푹 담그지 말고 낮 12시간은 담갔다가 밤

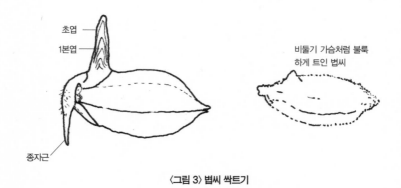

〈그림 3〉 볍씨 싹트기

12시간은 빼놓고 다시 담그는 과정을 매일 반복한다. 이는 볍씨에 적당히 산소를 공급했다 차단하기 위해서다. 산소가 너무 많이 공급되면 뿌리 발육이 잎사귀 발육보다 좋아져서 전체적인 생장에 좋지 않기 때문이다.

볍씨는 비중이 큰 것일수록 싹도 잘 틔우고 자람도 좋다. 진한 소금물에 담가 가라앉는 걸 모으면 비중이 큰 볍씨를 고를 수 있다(염수선. 다음 장 참조).

모든 씨는 묵을수록 싹을 잘 못 틔우는데, 볍씨도 마찬가지다. 냉동실에 넣어두면 볍씨를 오래 보관할 수 있다.


## 모의 자람과 생김새


싹이 트기 시작하면 초엽鞘葉이 먼저 나오고 다음으로 종자근이 나온다. 그리고 1엽이 나오기 시작하는데, 1엽이 다 자라기 전에 2엽이 나온다. 2엽의 잎집이 3~5센티미터 자라고 2센티미터 정도의 잎몸을 드러낸

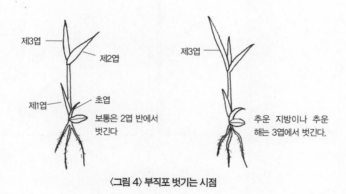

제3엽
제2엽
제3엽
제1엽
초엽
보통은 2엽 반에서
벗긴다
추운 지방이나 추운
해는 3엽에서 벗긴다.

〈그림 4〉 부직포 벗기는 시점

다음 3엽이 2엽의 잎집 바로 위에 생겨난다. 3엽부터는 잎몸이 잎집보다 길게 자란다. 잎몸이 잎집보다 작으면 웃자란 것이다.

이때 모 상태에서 중요하게 관리할 사항은 부직포를 벗겨내는 시점이다. 보통은 2엽이 나오고 3엽이 반쯤 나왔을 때 벗기는데 추운 지방이나 추운 해에는 3엽이 완전히 나왔을 때 벗겨도 된다. 부직포 벗기는 시점이 늦으면 3엽이 웃자라게 되고 다음의 이유기를 제대로 넘길 수 없어 모가 약해지는 원인이 된다. 부직포를 벗기는 시점은 아주 짧으므로 이 시기를 놓치지 않도록 주의해야 한다(다음 장 못자리 관리 참조).

3엽 이후 4엽이 나올 때쯤부터 모는 이유기에 들어간다. 말하자면 씨젖의 양분이 다 떨어지는 것이다. 이제 모는 스스로의 힘으로 자라야 한다. 사실 2엽부터 모가 스스로 광합성을 하게 하는 엽록소를 갖고 있다. 3.5엽부터는 잎과 뿌리의 기능이 활발해져 자립능력이 커지고, 씨젖의 양분은 때 맞춰 다 떨어지게 된다.

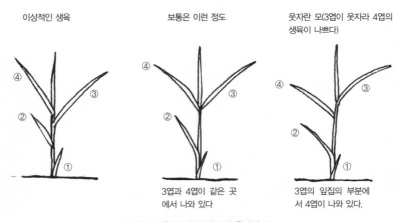

이상적인 생육 　　　　　　보통은 이런 정도 　　　　　웃자란 모(3엽이 웃자라 4엽의 생육이 나쁘다)

3엽과 4엽이 같은 곳에서 나와 있다

3엽의 잎집의 부분에서 4엽이 나와 있다.

〈그림 5〉 이유기 때 잘 된 모와 웃자란 모

그런데 이른바 관행농업의 문제는 이때를 모내기 적기로 잡는 데 있다. 아직 씨젖의 양분이 약간 남아 있을 때 옮겨 심어야 모가 활착을 잘하고 몸살이 적다는 이유 때문이다. 일리 없는 말은 아니나 아직 어린 치묘를 논에다 옮겨 심으려니 많은 수의 포기를 심게 된다. 보통 10~15개를 한 주로 심는데, 이렇게 되면 분얼률이 적어진다. 분얼을 다 하면 20개가 넘는데 이미 많은 포기를 심으니 분얼이 잘 일어나지 않는 것이다.

문제는 벼이삭이 분얼한 포기에서 많이 열린다는 사실이다. 또 이유기 때 저온이 되면 뿌리가 직근直根을 많이 내리게 되는데, 직근은 영양 흡수력이 떨어져 벼가 자라는 데 힘을 얻지 못한다. 벼는 흡수력이 좋은 천근淺根을 잘 발달시켜야 힘 있게 큰다. 아직 못자리에서 따뜻하게 더 자라야 할 모를 강제로 논에다 옮겨 심으니 저온 상태로 들어가게 된다. 또 논에 물 공급이 쉽지 않아 온도 관리도 어렵고, 뿌리에 산소를 공급하기도 어려워서 뿌리 발육도 좋지 않다.

이유기 관리도 다음 장에서 자세히 다루겠지만, 이유기 때 잘 관리해주어야 벼를 건강하게 키울 수 있다는 사실을 이해하고 있어야 한다.

모 뿌리의 경우 초엽에 이어 종자근이 나오는데 1, 2엽이 자랄 때 초엽 마디에서 관근(冠根, crown roots)이 나오기 시작한다. 관근은 말 그대로 관처럼 빙 둘러 나온다 해서 붙여진 이름이다. 그리고 4엽이 나올 때 1엽의 마디에서 뿌리가 나온다. 3엽에서 4엽까지의 5~7일 동안이 이유기에 해당되고 이 시기에 뿌리의 소질이 결정된다. 이때 결정된 뿌리의 소질이 벼의 평생을 좌우하기 때문에 이유기가 중요한 것이다.

4엽부터는 모가 스스로 자랄 수 있는 능력을 조금씩 갖춰간다. 다음 5엽부터는 최초의 분얼이 나오기 시작한다는 점이 중요하다. 최초 분얼은

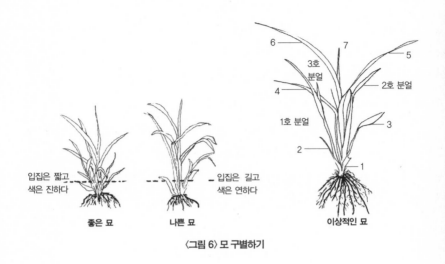

입집은 짧고
색은 진하다

**좋은 묘**

입집은 길고
색은 연하다

**나쁜 묘**

6

3호
분얼

4

1호 분얼

2

7

5

2호 분얼

3

1

**이상적인 묘**

〈그림 6〉 모 구별하기

관근의 발생처럼 3매 아래의 잎사귀 마디에서 나오는데 5엽이므로 2엽의 마디에서 분얼이 나온다.

　마지막 6엽기까지 지나면 모는 다 키운 셈이 된다. 이제 논으로 시집을 보내도 걱정할 일이 없어진 것이다. 마찬가지로 6엽기 때 3엽에서 2호 분얼이 올라온다. 이 정도 되면 뿌리의 활력도 좋아져서 활착하기 알맞고, 모 잎사귀도 어느 정도 형성되어 스스로 광합성을 하여 영양분을 만들 능력을 제대로 갖추게 된다.

　이상적인 모는 웃자라지 않아 가지 줄기가 어미 줄기보다 길지 않고, 옆에서 볼 때 쫙 펴진 부채꼴 모양을 하고 있다. 뿌리도 잔뿌리가 많다.

## 잎의 형태와 역할

벼의 잎은 잎집(엽초葉鞘)과 잎몸(엽신葉身)으로 되어 있고 그 사이에 잎혀(엽설葉舌)와 잎귀(엽이葉耳)가 있다.

잎집은 줄기를 감싸고 있어 보호하는 역할을 하며 표피는 관다발 모양이다. 잎집은 벼 포기 전체를 지탱해주는 중요한 역할을 하고 그래서 입집의 체력이 벼 도복(쓰러짐) 방지에 있어 가장 큰 관건이다. 또 잎집은 이삭이 패기 전에 일시적으로 탄수화물을 보관하는 역할을 하며 이삭 팬 후에는 열매로 영양분을 이전시킨다.

잎몸은 보통의 잎사귀처럼 광합성과 탄소 동화작용을 하는 생산의 주체다. 잎은 평행맥을 하고 있다. 잎귀는 잎몸에서 갈라져 나온 것으로 양쪽에서 쌍을 지어 잎집과 분리되지 않도록 줄기를 싸고 있다. 잎혀는 잎집에서 갈라져 나왔지만 잎집처럼 관다발로 되어 있지 않고 흰색의 막으

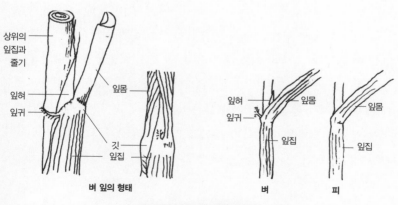

〈그림 7〉 형태상 벼 잎과 피의 다른 점

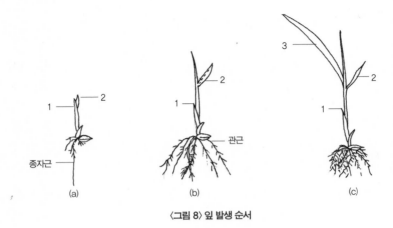

<그림 8> 잎 발생 순서

로 되어 있으며, 줄기와 잎집 사이에서 물이 내부로 스며들어가는 것을 막고 잎집 내부가 마르는 것도 방지하는 역할을 한다.

벼와 항상 같이 붙어 자라며, 벼와 아주 비슷해 구별하기 힘든 피에는 잎혀와 잎귀가 없어서 초기에는 그것으로 식별할 수 있다.

싹이 틀 때 제일 먼저 나오는 잎을 초엽鞘葉 또는 전엽前葉이라고 부르는데, 잎집과 잎몸의 구분이 없이 잎집만 있고 줄기를 둘러싼 관상管狀 모양을 하고 있다. 일종의 떡잎인 셈이다. 이 초엽 끝부분의 갈라진 틈으로 본 잎이 나오는데, 1엽부터는 잎몸과 잎집의 구분이 있다. 그렇지만 잎몸이 매우 작고 잘 형성되지 않아 '불완전잎'이라 하고, 그 다음 2엽도 본격적인 잎사귀 모양을 형성하지 못하고 갸름한 숟가락 모양을 하고 있다. 정상적인 잎사귀 모양은 3엽부터 갖춰지며, 잎몸이 제대로 자라 잎집보다 길게 된다.

잎사귀 가운데 맨 끝의 상위엽, 즉 끝잎(지엽止葉)은 동화산물을 이삭으로 이전시키는데, 하위의 8엽은 동화산물을 뿌리로 이전시킨다. 그래서 볍씨의 생장은 상위엽에, 뿌리의 활력은 하위엽에 의존한다.

벼의 잎사귀 수는 벼의 나이와 같다. 벼 포기 잎사귀의 전체 수가 아니라 어미줄기(주간主稈) 잎의 수를 말한다. 벼 주간의 잎수를 조사하는 것이 벼의 생육단계를 파악하는 데 가장 분명한 방법이다. 곧 벼 주간에서 나온 잎의 수를 보고 벼 체내에서 무엇이 분화하고 있는가를 밝힐 수 있는 것이다.

벼의 나이를 파악하는 가장 큰 목적은 이삭이 패기 며칠 전인지 아는데 있다. 미래의 일을 미리 파악해야 하므로 어려운 일이다. 이삭 패는 일은 벼의 일생에 제일 중요한 전환점이 된다. 또한 이삭을 어떻게, 얼마나 건강하게 패는가가 벼알의 수확량과 맛의 질을 결정한다.

그런데 이삭 패기 며칠 전인지를 파악하는 가장 손쉬운 방법은 바로 주간의 잎수를 조사하는 일이다. 곧 동일 품종을 매년 비슷한 경종耕種 환경에서 재배하면 정상적인 해에는 주간 잎수가 같기 때문에, 그걸 파악해두면 자연히 벼의 생육단계를 알 수 있다.

조사하는 방법은 우선 대상 벼를 논 한쪽에다 한 주에 한 포기씩 10포기쯤 심어두고, 5엽부터 3~4회 매직잉크로 표시한다. 매직잉크로 날짜마다 출현한 잎사귀에 표시해나가면 나중에 이삭이 팼을 때 그날을 기준으로 역산을 해서

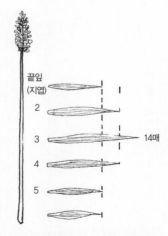

〈그림 9〉 총 16매의 경우 정상적인 잎의 길이

이삭 패기 며칠 전에 몇 번째 잎이 폈는지 알 수 있게 된다.

16매짜리 벼의 경우, 위에서 3매 그러니까 아래에서는 14매가 제일 길면 제대로 건강하게 자란 벼다. 지엽, 곧 끝잎은 훨씬 작아도 상관은 없고, 위에서 2매와 4매는 같은 정도의 크기다. 5매부터는 아래로 내려갈수록 작아지는 게 정상인데, 3매가 제일 크고 지엽과 2매가 작다는 것은 이삭이 잘 자라고 있다는 증거다.

이삭이 팰 때 위에서 5매의 잎은 아직 파릇하게 살아 있다. 수확 직전에도 위에서 3매는 생생하게 살아 있어야 한다. 그것은 뿌리가 아직 왕성하여 벼에 활력이 있다는 증거가 된다.

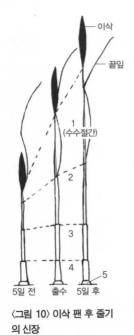

〈그림 10〉 이삭 팬 후 줄기의 신장

## 줄기의 자람과 특징

벼의 줄기는 잎집에 둘러싸여 있어 겉으로는 보이지 않는다. 그러나 이삭을 달고 나올 때에야 비로소 줄기는 육안으로 볼 수 있을 정도로 자기 모습을 드러낸다. 벼의 꽃이자 열매인 이삭을 들고 나오는 것이 줄기이므로 줄기의 성장을 이해하는 것은 벼의 핵심을 이해하는 것과 같다. 이삭이 벼의 꽃이기에 줄기는 일종의 꽃대인 셈이다. 난초나 붓꽃 같은 식물에서 꽃대가 올라오는 걸 생각하면 벼의 줄기자람도 쉽게 이해할 수 있다.

벼의 줄기는 마디와 마디사이(절간)로 이루어

진다. 주간의 마디는 종자에 따라 다르나 보통 12~16개이고 마디수가 많을수록 이삭 패는 시기가 늦어진다. 올벼(조생종)보다는 늦벼(만생종)의 마디수가 많다.

절간은 대나무처럼 비어 있고(대나무도 같은 벼과다) 마디는 아래로 내려 갈수록 매우 짧아진다. 아래에서 10마디까지는 거의 자라지 않아 2센티 미터 정도에 불과하며 자라지 않는 마디, 곧 '불신장절'이라고 한다. 그 이후 생식생장기에 들어서면 급생장하는데 이를 자라는 마디, 곧 '신장 절'이라고 한다. 이 신장절부 중 이삭과 경계를 이루는 부분인 수수마디 에서 끝잎이 나오는 마디까지를 수수절간이라 한다. 절간 중에 수수절간 이 가장 긴데 30센티미터나 된다.

절간은 어린 이삭(유수幼穗)가 나오기 시작하면서 신장한다. 유수란 이 삭의 새끼로 이것이 자라면서 이삭이 된다. 유수는 잎집 속에 있어서 겉 으로는 볼 수 없다. 이삭이 팬다는 것(출수出穗)은 이 유수가 자라 잎집에 서 빠져나오는 것을 말한다. 그러니까 유수가 나와 이삭이 패려면 줄기가 본격적으로 자라주어야 한다. 그 줄기가 자라서 유수를 잎집 바깥으로 밀 어주어야 하기 때문이다.

유수가 분화되면 수수절간을 1절간으로 해서 위에서 3~4절간이 신장 을 시작한다. 5절간에서부터 차례로 위로 올라갈수록 신장률이 높아지고 마지막 수수절간이 제일 잘 자란다. 수수절간은 이삭 패기 전 2일부터 급 속히 신장하는데 하루에 10센티미터로 자란다. 이 수수절간이 이삭을 밀 쳐내 이삭이 패는 것인데 이삭 팬 후에도 수수절간은 하루 이틀 정도 더 자란다.

이 수수절간의 신장은 높은 온도에서 잘 증가하는데 이때 저온이 되면 벼는 냉해를 입어 이삭을 잎집에서 밀쳐내지 못한다. 또한 벼가 웃자라 바람에 쓰러지는 도복도 이 수수절간과 4절간의 웃자람 때문에 일어나는데, 절간 신장시기에 지나치게 많이 공급된 질소양분이 원인이다.


### 분얼과 벼의 생장

분얼이란 일종의 가지치기다. 생장점이 줄기 꼭지점에 있는 쌍떡잎 식물과 달리 줄기 맨 아래의 마디 사이에 있고, 일종의 자기복제처럼 어미줄기(주간)와 똑같이 생긴 줄기가 나와서 포기치기, 또는 새끼치기라고도 한다. 쌍떡잎 식물은 가지가 넓게 퍼져 나가는 모습인 반면, 벼와 같은 외떡잎 식물은 생장점이 땅속에 있으면서 어미줄기와 똑같은 놈이 나오므로 포기가 점점 불어나는 모습이다.

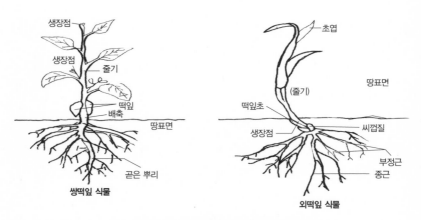

〈그림 11〉 쌍떡잎 식물과 외떡잎 식물의 자람과 생장점 차이

분얼은 줄기의 불신장절에서 발생하는데 그래서 불신장마디를 분얼마디라고도 한다. 분얼은 보통 3차까지 진행되는데, 어미줄기(주간)에서 1차 분얼을 하고 1차에서 2차 분얼, 2차에서 3차 분얼을 한다. 대개 3차 분얼은 무효분얼이 많다. 무효분얼이란 벼 이삭이 나오지 않거나 나와도 불임이어서 쭉정이가 되는 헛가지를 말한다.

　그런데 모내기를 한 후 활착이 잘 안 되어 몸살이 심하면 분얼눈이 휴면해버리거나 못자리에서 분얼한 것마저 약해지는 경우가 많다. 모를 5.5~6엽 때 모내기를 하면 이미 2호 분얼이 나와 있는 상태다. 이 분얼이 본답에 가서 제대로 활착하게 되면 분얼은 거의 휴면이 없다.

　분얼의 휴면을 예방하는 방법은 모의 체력에 달려 있다. 특히 생장점에 인산이 많아야 분얼이 활발해진다. 생장점에서 새 가지가 나오고 새 뿌리도 나오므로 분얼에도 좋고 활착에도 좋다. 힘이 좋은 모는 3일이면 활착하는데 이때부터는 모가 스스로 흙의 양분과 광합성 작용을 통해 자립해 간다. 어쨌든 모낸 후에 10일이나 걸려서 활착하게 되면 분얼의 휴면이 많아지고 필요한 잎사귀를 확보하지 못하게 되는데 이를 질소질 비료로 해결하면 활력이 없는 분얼이 되어 무효분얼이 더 늘어난다.

　그런데 요즘 관행농에서 분얼의 휴면이 많은 것은 못자리 단계부터 문제가 있기 때문이다. 볍씨를 흙이 보이지 않도록 밀식하여 기르다보니 하위절의 분얼눈이 휴면을 한다. 게다가 3~4엽에서 모를 내기 때문에 분얼하지도 않은 모, 즉 이유기를 채 벗어나기도 전에 활력이 매우 떨어져 있는 모를 이앙하니 더욱 휴면 분얼이 많고, 이앙할 때에도 단위 면적당 십여 개나 넘게 밀식 이앙을 하여 또 휴면이 많아진다.

　앞에서도 얘기했지만, 모는 5.5~6엽까지 길러 2호 분얼이 나온 것을

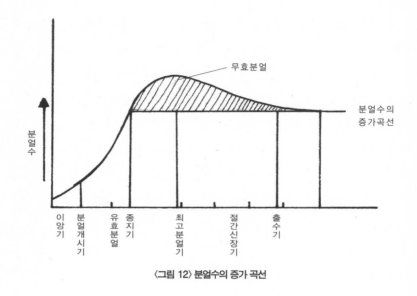

무효분얼

분얼수의
증가곡선

분얼수

이앙기　분얼개시기　유효분얼　종지기　최고분얼기　절간신장기　출수기

〈그림 12〉 분얼수의 증가 곡선

심어야 한다. 1호 분얼은 5엽이 나올 때 2엽 마디에서 나오고 2호 분얼은 3엽 마디에서 나온다. 이것을 모내기해 본답에서 활착을 제대로 하면 휴면 분얼이 거의 발생하지 않는다. 그리고 모종 때와 모내기 후 활착 때 발생한 생육초기 분얼은 유효분얼이라 해서 이삭이 제대로 많이 달리고 나중에 나온 분얼, 곧 3차 분얼들은 대부분 이삭이 달리지 않는 무효분얼을 한다. 최고분얼기 때의 분얼수에 대한 유효분얼수를 유효경비율이라고 한다.

　분얼의 특징 중 하나는 가지와 뿌리가 동시에 나온다는 것이다. 6엽 때 3엽 아래에서 분얼이 나오면서 뿌리도 함께 나온다. 유효분얼은 줄기 중 낮은 곳의 마디에서 많이 발생하고 높은 곳의 마디에서 나오는 것은 무효분얼이 많은데, 높은 마디에서 나온 뿌리일수록 약할 수밖에 없기 때문이다. 그래서 초기에 나온 분얼을 최대화하는 것이 중요하므로 건강한 모 키우기와 모낸 후 활착이 매우 중요하다.

앞의 내용을 충분히 알고 있으면 유효분얼과 무효분얼을 구분하는 방법도 간단해진다. 즉 생육 초기에 나오는 분얼은 대부분 유효분얼이 되고 나중에 나온 것은 무효분얼이 되므로 최고분얼기 보름 전에 나온 것은 유효분얼이고 그후에 나온 것은 무효분얼이다. 나중에 나온 것은 높은 마디에서 나온 것이라 뿌리가 부실하고 잎사귀도 튼실하지 않아 무효분얼이 되기 쉽다.


## 뿌리의 발생과 성장

벼 뿌리에는 종자근(씨뿌리)과 관근(마디뿌리)이 있고 비정상적인 조건에서 나오는 중배축근이 있다.

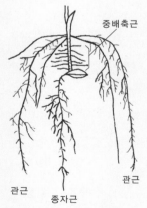

〈그림 13〉 벼 뿌리의 형태

종자근은 볍씨가 발아하면서 제일 먼저 생기는 뿌리로 씨앗에서 나온다 해서 씨뿌리라고도 한다. 종자근은 못자리 단계에서 모가 자라는 데 필요한 양분과 수분을 흡수하는데 관근이 나온 후에도 7엽기까지 그 기능을 유지한다. 그후엔 말라죽는데, 그렇지 않아도 어차피 모내기를 위해 모를 찢는 과정에서 단근이 되어 죽는다.

관근은 씨앗에서 나오지 않고 줄기의 마디

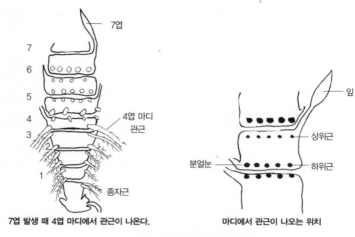

**7엽 발생 때 4엽 마디에서 관근이 나온다.**　　**마디에서 관근이 나오는 위치**

〈그림 14〉 7엽이 나올 때 관근의 발생

에서 나온다 해서 마디뿌리라고도 하며, 씨앗에서 초엽과 함께 종자근이 나온 후 1, 2엽이 나올 때 초엽 마디에서 처음으로 관근이 나온다. 4엽부터는 3매 아래의 1엽이 붙어 있는 1엽 마디에서 나오며 그 순서대로 잎사귀가 새로 나오면 그 잎 3매 아래의 잎 마디에서 관근이 발생한다. 한 마디에서 위아래로 빙 둘러 발생하고 그 모양이 관처럼 생겼다 해서 관근이라고 불려졌다. 한 마디에서 위아래로 뿌리가 나오는데, 보통은 아래의 뿌리가 개수도 많고 굵다.

옥수수를 보면 관근이 어떻게 생겼는지 쉽게 알 수 있다. 옥수수는 외떡잎 식물이며 같은 벼과인데, 줄기가 점차 자라면서 밑둥 주변으로 빙 둘러가며 내린 뿌리가 관근이다.

관근은 분얼이 발생하기 전인 1,2엽 때부터 나오지만 분얼이 처음 나오는 5엽기부터는 3매 아래인 2엽 마디에서 분얼과 함께 나온다.

관근은 유수분화기까지 계속 왕성하게 신장하는데, 그후에 나오는 뿌리는 점차 약해진다. 점점 상위 마디에서 발생하므로 아무래도 나중에 나온 뿌리는 처음에 하위 마디에서 나온 뿌리보다 약할 수밖에 없다. 이 상위 마디의 약한 뿌리와 함께 나온 상위 마디의 분얼도 뿌리가 약하므로 무효분얼, 즉 헛가지 분얼이 될 가능성이 많다. 뿌리 자체는 덜 자라는데 분지근은 많이 발생하여 표토면에 그물을 친 것처럼 퍼지기도 한다.

중배축근은 볍씨를 너무 깊게 심었을 때 나타나는 불필요한 뿌리이며 씨앗과 초엽 마디 사이가 지나치게 신장하여 그 사이에서 순서대로 발생한 뿌리다. 즉 씨를 너무 깊게 심거나 흙을 두껍게 덮을 때 나오는 뿌리로 생기지 않는 것이 좋다.

뿌리는 원래 산소를 좋아한다. 뿌리 발육의 조건상 물을 가둬두는 논은 밭보다 좋지 않다. 그렇지만 벼는 원래 물을 좋아하기 때문에 밭 상태에서는 키울 수 없다. 물을 담아두어야 보온도 되고 잡초도 예방하며 나아가 분얼도 순조롭게 촉진할 수 있다. 그래서 이런 조건들을 잘 살피면서 벼의 뿌리를 제대로 발육시키는 것이 벼농사의 성공 관건이 된다.

볍씨를 틔우기 위해 물에 담글 때 12시간 담갔다가 12시간 빼두기를 반복하는 것도 바로 뿌리의 발아와 발육을 좋게 하기 위한 것이다. 모를 키울 때 지상부는 초라해도 뿌리는 왕성하게 키우는 것을 목표로 하여 잎을 키우는 질소질보다는 뿌리와 분얼에 좋은 인산질 비료의 시비에 신경을 써야 한다.

특히 뿌리를 잘 키우는 데 중요한 시기는 이삭 패기 30일 전후, 곧 어미 줄기가 신장하기 시작하는 유수분화기 때다. 뿌리를 잘 키우면 뿌리가 땅속으로 뻗어내려 포기 사이에 손을 넣어봐도 뿌리가 만져지지 않는데, 제대로 키우지 못한 것은 지표면으로 뿌리가 그물처럼 뻗어 있어서 쉽게 만져진다. 뿌리가 지표에 많이 뻗어 있게 되면 소량의 비료에도 아주 민감해지는데, 이렇게 되면 비료의 과잉흡수와 결핍현상이 반복되는 현상이 일어나고 포기 간에 뿌리의 경쟁이 일어난다. 뿌리가 땅속 깊이 뻗어내리면 벼의 잎이 끝까지 파랗게 살아 있는 건강한 벼로 키울 수 있다.

　뿌리에 산소를 공급할 목적으로 금이 갈 정도로 논바닥을 갑자기 말리는 일은 피해야 한다. 이렇게 말리면 뿌리가 잘 자라는 것은 사실이지만 다시 물을 담게 되면 뿌리에 치명적인 피해를 준다. 산소를 좋아하는 미생물이 늘었다가 다시 물을 가두면 산소가 모자라게 되어 오히려 뿌리를 해치게 된다. 뿌리를 위해 바닥을 말릴 때에는 갑자기 말리기보다는 이른바 간단관수, 즉 물을 뺐다가 다시 약간 넣어 포수상태를 만들면서 점차 말리는 것이 좋다. 포수상태란 겉으로 보기에는 물이 말라 있지만 발이나 손으로 누르면 파인 자리에 물이 고이는 상태를 말한다.

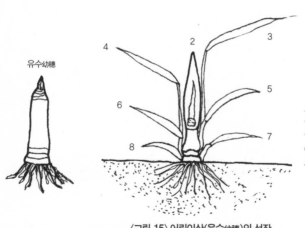

유수幼穗

4
2
3
5
6
7
8

유수의 길이가 2밀리미터일 때가 이삭 패기 24~25일 전이다.
아라비아 숫자는 지엽을 1로 하여 세어 내려간 것임.

〈그림 15〉 어린이삭(유수幼穗)의 성장

## 이삭의 분화와 생식생장

벼는 최고분얼기를 기점으로 이른바 생식생장으로 넘어간다. 이때쯤 되면 계절은 뜨거운 한 여름으로 넘어가며, 벼는 사춘기에 접어들어 2세를 낳기 위한 준비에 들어간다.

그동안 분얼과 잎사귀를 키우는 데 주력했다면, 이때부터는 이삭이 달린 줄기가 본격적으로 자란다. 즉 이삭을 키워내기 위해 잎사귀에 둘러싸여 있던 줄기가 자라나는 것이다.

영양생장기에는 분얼과 잎이 성장하고 생식생장기에는 유수가 분화되고 이것을 받치고 있는 줄기가 자란다.

이 두 생장의 교대는 최고분얼기를 기점으로 일어나는데, 이것이 겹쳐서 일어나기도 하고, 일치되어 일어나기도 하고, 뚜렷이 구별되어 일어나기도 한다. 곧 최고분얼기 전에 유수가 분화하는 경우가 있고, 최고분얼기와 유수분화가 일치하는 경우가 있고, 최고분얼기 이후 유수가 분화되는 경우가 있다. 조생종의 경우에는 대개 첫 번째와 두 번째에 해당되고 만생종의 경우에는 세 번째에 해당하는 것이 많다.

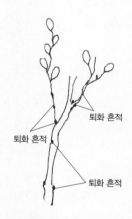

〈그림 16〉 이삭의 퇴화현상

어린 이삭, 곧 유수는 이삭 패기 약 30일 전에 나온다. 그리고 이삭 패기 20일 전이 되면 암술과 수술의 맹아가 만들어지고 그 다음 이삭 패기 12~10일 전 무렵이면 이른바 감수분열기가 나타난다. 감수분열기란 벼알이 퇴화하

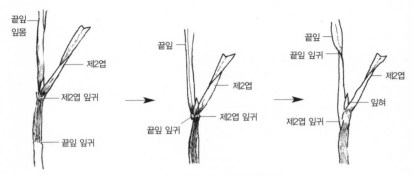

**〈그림 17〉 잎의 생장으로 본 감수분열기 진단법**

는 것을 말하는데, 그 과정을 거치고 나면 벼알의 수가 결정된다. 그러니까 이삭 패기 30일 전부터 10일 전, 곧 감수분열기까지 벼알의 수가 결정되는 것이다. 보통 한 이삭에 150~200알이 달려야 하는데, 감수분열기 때 이삭의 퇴화현상이 심하게 나타나면 70~80알로 줄어든다.

감수분열기는 끝잎의 잎몸과 잎집이 붙은 자리인 잎귀가 잎집 10센티미터 가량 밑에 들어 있을 때다. 잎귀가 올라와 잎집에서 나오면 최성기이고 10센티미터 가량 올라왔으면 감수분열기가 끝난다. 이때 유수의 길이는 대략 8센티미터쯤 자라 끝잎의 잎집 속에 잉태되어 수잉기穗孕基에 들어간다. 그리고 이삭 패기 전날이 되면 암술과 수술이 형태상으로도 생리상으로도 완성된다.

이삭 패기 전인 유수분화기는 크게 유수형성기와 감수분열기로 대표되는 수잉기로 나눌 수 있다.

유수분화기를 어떻게 알 수 있는지 알아보자. 먼저 이삭 패기 전일 수를 통해 아는 것이다. 이삭 패는 시기는 같은 품종을 같은 조건에서 재배

했다면 전년과 동일하므로 그날을 기억해 두었다가 아는 방법이다. 곧 이삭 패기 30일 전부터 생식생장으로 들어서서 유수가 만들어지고, 감수분열기는 10~12일 전이며 꽃의 완성은 1~2일 전이다.

두 번째 방법으로는 끝잎으로부터 네 번째 잎이 나오는 시기가 거의 유수가 만들어지는 시기와 일치한다는 점을 활용하는 것이다. 자신이 심은 품종의 잎이 총 몇 개인지 알아두면 이는 금방 파악할 수 있다. 마지막으로는 앞에서의 감수분열기를 파악하는 방법으로 아는 것이다.

## 이삭 패기와 수정 및 현미

이삭이 패려면 줄기가 급속히 자라야 한다. 수수절간으로부터 3, 4, 5 절간은 이미 신장이 끝나고 마지막으로 2절간이 계속 신장하고 수수절간도 같이 자란다. 수수절간이 마지막까지 자라면서 끝잎 잎집을 뚫고 이삭이 나오는 것이 이삭 패기, 곧 출수다. 이삭 팬 후에도 조금 자라 잎집에서 고개를 내미는 것은 수수절간뿐이다.

이렇게 올라온 벼꽃은 하루 중 오전 두 시간만 피었다가 금방 수정을 끝내고 문을 닫는다. 벼는 꽃이 열리기도 전에 자가수분을 하므로 타가수분은 거의 일어나지 않는다(타가수분이 일어날 확률은 잘해야 1퍼센트 정도밖에 안 된다). 벼꽃은 비가 와도 수분이 일어나는

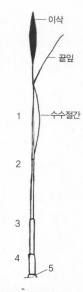

〈그림 18〉 수수절간

꽃

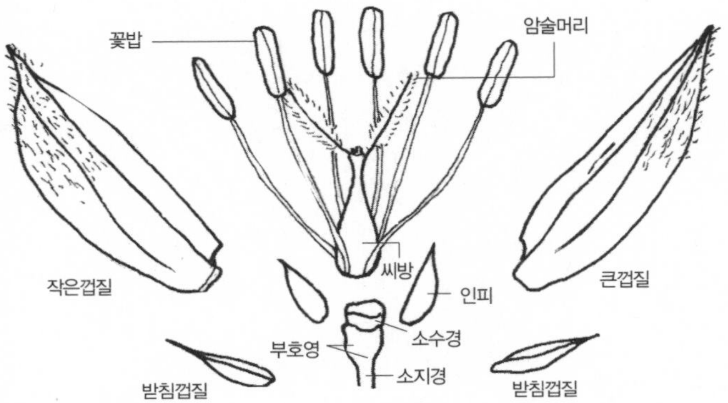

〈그림 19〉 벼꽃의 구조

데 꽃을 열지 않고 안에서 자가수분을 할 수 있기 때문이다.

벼꽃이 수정되면 이삭 안에서 과실이 열리며 이것이 현미, 볍씨가 되는 것이다.

파종에서 수확까지

# 볍씨 파종과 모내기

## 볍씨 준비

종자로 쓸 볍씨는 다른 것들보다 벼베기 약 10일 전쯤 미리 거둔다. 잘 익은 것을 빨리 베는데, 지경 밑의 3분의 1쯤이 아직 푸른 기를 머금고 있을 때, 겉으로 보기에 아직 베기에는 아깝다는 느낌이 들 때가 좋다. 벨 때는 반드시 낫으로 베야 한다. 콤바인 같은 기계로 강타하여 베면 볍씨에 충격을 주어 건강하게 자라길 기대하기 힘들다.

베고 나면 꼭 거꾸로 메달아 그늘에 말린다. 천천히 말려야 영양분이 상실되지 않고 거꾸로 말려야 볏대에 남은 영양분이 볍씨에 모아진다. 잘 말랐으면 털어내야 하는데, 이 또한 기계 등으로 타격을 주지 않고, 일일이 손으로 털어내는 게 좋다. 마찬가지로 볍씨에 충격을 가하지 않기 위해서다. 빗으로 털어도 되고, 바닥에 멍석 같은 것을 깔아 고무신으로 슥슥 문지르든가 발로 밟아서 털어도 된다.

▶ 종자로 쓸 볍씨를 털 때는 충격을 가하지 않는 게 좋다. 사진처럼 고무신으로 쓱쓱 문지르면 부드럽게 털 수 있다.

▶ 철망 위에다 놓고 문질러도 충격 없이 잘 털 수 있다.

▶ 탈곡한 볍씨는 물을 이용해 일단 쭉정이와 검불을 걷어낸다.

▶ 물에 젖은 볍씨를 탈수기로 짠다. 바쁘지 않으면 햇빛에 말려도 상관은 없다.

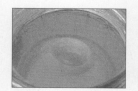

▶ 소금물로 선별할 때는 계란이 옆으로 누워 뜰 정도로 소금 농도를 짙게 해야 한다.

▶ 볍씨는 소금물에서 무거운 것과 가벼운 것이 위 아래로 분리된다.

▶ 잘 여문 볍씨는 아래로 가라앉는 게 많지만, 덜 여문 볍씨는 위로 뜨는 게 많다. 사진과 같은 정도면 적당한 수준이다.

## 염수선塩水選

아무리 잘 익은 볍씨라 해서 다 종자로 쓸 수 있는 것은 아니다. 그중에서도 더 튼튼하고 실한 놈을 골라 심어야 벼가 튼튼히 자라고 곡식을 제대로 맺는다.

볍씨 선별은 속이 꽉 차고 짱짱하여 밀도가 높은 놈을 골라야 하는데 제일 간편하고 좋은 방법이 소금물에 담그는 것이다. 지금은 대개 화학약품으로 소독한 볍씨를 농업기술보급센터에서 보급하고 있어 일일이 염수선으로 선별하는 농가는 드물다. 설사 그렇게 하더라도 제대로 하지 않는게 보통이다.

염수선 할 때는 소금물을 아주 진하게 만들어야 하는데, 계란이 누워서 뜰 정도가 되어야 한다. 이렇게 진하게 해야 튼실한 볍씨를 제대로 선별할 수 있다. 계란이 수평으로 뜨게 하려면 물 10리터에 소금은 4.8킬로그램(소금 농도 1.13~1.17) 정도가 좋다.

그럼 다음에 볍씨로 쓸 종자를 소금물에 담그는데, 약 반 정도 가라앉는다. 가라앉은 것들은 깨끗한 물에 잘 씻어 말린 후 잘 보관해두면 된다.

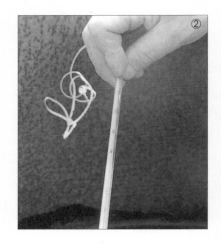

① 물을 데워 소독할 드럼통.
② 온도계. 소독할 때 온도를 지키는 일은 매우 중요하다. 60도에 7분간 담는 것을 원칙으로 한다.
③ 뜨거운 물에 소독하기 위해 볍씨를 포대에 담아 드럼통에 넣는다.

## 소독과 침종

소한과 대한이 있는 1월쯤에 볍씨를 찬물에 담근다. 그러면 볍씨가 튼튼해져 건강하게 자란다. 보통 섭씨 5도에서 10도 이하의 찬물에 20일 정도 담근다. 흐르는 물일수록 더 좋다.

물 온도가 낮을 때는 조금 오랫동안 담그고 높을 때는 조금 짧게 담근다. 이때는 담가놓고 돌아보지 않는 게 좋다. 괜히 걱정한다고 자꾸 뒤적거리면 오히려 나빠진다. 충분히 담가놓아 찬 기운이 볍씨 모두에게 골고루 퍼지도록 해야 한다. 20여 일이 지나면 물에서 꺼내어 말려둔다.

4월이 되면 볍씨 소독을 해야 한다. 보통은 화학약품으로 소독하게 된다. 화학약품이 살균은 될지 모르지만 볍씨에 좋지 않은 영향을 준다.

소독은 뜨거운 물로 하는 게 제일

▶ 볍씨 촉을 틔우기 위해 필요한 현미식초와 백초액. 현미식초는 볍씨의 내병성을 키워주고 백초액은 영양분을 공급해준다. 현미식초 대신에 목초액을 써도 좋다.

▶ 현미식초. 50배로 희석해 쓴다.

▶ 백초액. 200배로 희석해 쓴다.

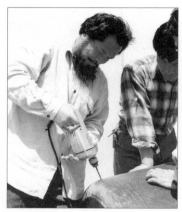

▶ 볍씨 침종에 쓸 고무대야에 구멍을 뚫어 수도꼭지를 달아 놓으면 물을 빼기가 쉽다.

▶ 현미식초와 백초액 희석액에 담근 볍씨.

▶ 비둘기 가슴처럼 촉을 틔운 볍씨. 이 볍씨는 흑미 종자다.

좋은데, 온도와 시간을 정확히 지키는 것이 중요하다. 섭씨 60도 물에 7분간 담근다. 이렇게 하면 병균은 물론 벼이삭 선충까지 예방할 수 있다.

### 싹틔우기

현미식초 50배액과 백초액(야채효소) 2백 배액으로 희석시킨 물에 볍씨를 담근다. 낮의 12시간은 담그고 밤의 12시간은 물에서 빼놓는다. 계속 물에 담가놓지 않는 이유는 밤에는 볍씨에 산소를 공급해주어 뿌리를 잘 자라게 하기 위해서다. 또한 물에 담가서 싹이 너무 자라는 것을 막아준다. 싹이 너무 잘 자라면 웃자라서 벼가 약해진다.

여하튼 물에 담갔다 뺐다 하기를 볍씨가 비둘기 가슴 모양처럼 촉이 볼록 튀어나올 때까지 반복한다. 보통 5~7일까지 하면 된다. 날이 추울 때는 싹과 뿌리가 나올 때까지 한다.

현미식초는 볍씨의 내병성을 강하게 해주는 역할을 하고 백초액은 볍씨에 영양공급을 해준다. 현미식초 대신에 목초액을 써도 좋다.

비둘기 가슴처럼 촉이 트면 17~18도 정도의 물에 담가 식힌다. 바로 파종을 안 해도 2~3일까지 아무런 지장이 없다. 그늘에다 펴서 얇은 비닐로 덮어두면 3~5일쯤도 괜찮다.


## 파종

씨앗을 넣는 날은 음력으로 초하루부터 보름 전 사이가 좋다. 사람도 음력으로 보름 전에 태어난 사람이 적극적이고 외향적인 것과 같은 이치다. 일진에 고초일枯焦日*은 피하는 게 좋다.

파종할 때는 항상 좋은 결실을 맺도록 기도하는 마음으로 한다. 되도록 외출을 금하고 편안한 마음을 갖는다. 초상집을 갔다온 다음엔 파종하지 않는다. 슬픈 마음이 볍씨에 좋게 작용할 리가 없다.

파종의 원칙은 되도록 성글게 심는 것이다. 3백 평당 2킬로그램이 적당한데 육묘상자 1개당 40~60그램이 좋다. 이렇게 뿌리면 육묘상자의 상토 흙이 잘 보인다. 보통 농가에선 이보다 세 배나 많이 뿌려 흙이 거의 보이지 않을 정도로 빽빽이 덮어버린다.

더욱 중요한 것은 일정하게 골고루 뿌리는 일이다. 이렇게 하면 모가 일정한 간격으로 자라 기계로 이앙할 때 잘 심어져 뜬모가 생기지 않고 나중

---

* 고초일: 오행에 따라 길흉을 매기던 날의 하나로 이날 파종하면 씨앗이 말라 싹이 나지 않는다고 한다.

에 소출도 많다. 고르게 뿌리는 파종기가 있지만 일본에서 개발된 것이라 구멍이 우리 볍씨 크기에 잘 맞지 않아 속도가 매우 느린 게 단점이다.

드물게 파종하는 것은 성묘를 키우기 위해서인데, 잎이 5∼5.5매 달리도록 45일까지 키워서 심는다. 이렇게 크게 키워 심으면 물을 깊이 5센티미터까지 담을 수 있어 물만으로도 초기 풀을 쉽게 잡을 수 있다. 또한 크

▶ 파종기.

▶ 손으로 파종하는 모습. 파종기보다 간격은 정확하지 않더라도 속도는 더 빠르다.

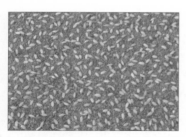

▶ 성묘를 키우려면 이 정도로 성글게 파종해야 한다. 어린 치묘를 키워 이앙하는 관행농에선 흙이 보이지 않을 정도로 아주 배게 파종한다.

▶ 아래 것은 좀 배게 심고, 위에는 좀 성글게 심었다. 위의 것이 적당하게 심은 것이다.

게 키운 모는 한 주당 두세 포기만 심어도 분얼이 좋아 나중에는 포기수가 같을 뿐 아니라 소출이 더 많다. 원래 분얼한 줄기에서 열매가 더 많이 열린다.

보통 농가에선 25~35일까지 세 잎을 키워 주당 열 포기 넘게 심는데, 이렇게 하면 물을 깊게 담지 못해 풀을 제압하기 힘들고 분얼수가 적어

▶ 육묘상자에 쏙 들어갈 크기로 판자를 만들어 파종한 볍씨를 꾹꾹 눌러준다.

▶ 흙으로 볍씨를 덮고 나서 물을 준다.

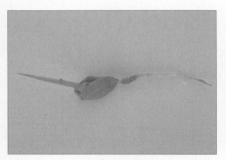

▶ 싹이 튼 볍씨. 초엽과 1엽이 나오고 2엽이 나오고 있는 모습이다. 뿌리는 종자근만 보이지만 종자근 바로 위에 관근이 나오기 시작했다.

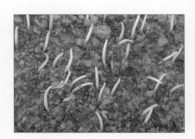

▶ 이때쯤 되면 못자리로 육묘상자를 옮긴다.

결국 소출이 적다.

모내기 기간이 길어지면 빨리 이앙한 것과 늦게 이앙한 것이 생육상태에서 차이가 생기므로 이를 감안하여 늦게 이앙할 것은 파종을 조금 더 성글게 심는다. 모내기 기간이 대략 열흘이 걸리게 되면 처음 것과 나중 것이 꽤 차이가 난다. 이런 상황을 고려하지 않고 파종을 똑같이 하면 나중 것이 많이 자라 서로 얽혀 웃자란 모가 생기게 된다.

## 모판 만들기

모판은 평탄작업이 제일 중요하다. 평평해야 모가 고르게 자란다. 폭은 대략 1.2미터 정도면 적당하다. 잘 발효된 퇴비를 모판 위에 뿌리고 흙과 잘 섞이도록 한다. 퇴비 양은 모판 10평 기준으로 10킬로그램이 적당하다. 발효된 유기질 퇴비는 쌀겨 6에 깻묵 3과 어분 또는 계분 1 비율에 발효제를 넣고 섞어 만든다. 수분은 60퍼센트가 좋다. 수분 60퍼센트의 퇴비를 손으로 만져보면 물기가 약간 묻어나는 정도가 된다. 퇴비는 두 달 이상 숙성시켜야 제대로 발효가 되므로 미리 만들어둔다. 단 겨울에는 좀 더 걸린다는 점을 염두해두어야 한다.

모판은 전날 고르게 하고 물을 넣어두었다가 당일 모판을 만들고 육묘상자를 깔아 넓은 판자로 상자를 지그시 눌러 평평하게 해준다.

풀pool 육묘법을 쓰면 좋은데 이 방법은 풀장처럼 물을 고이게 하는 방법으로 물관리가 쉽고 냉해에도 강하다. 모판은 비닐을 바닥에 깔고 그 위에 육묘상자를 놓는다. 처음 7일간은 물을 넣지 않고 모가 제1엽이 나

▶ 못자리를 만들기 위해 로터리를 친다.

▶ 보통 못자리는 둑을 만들어 물을 가둔다.

▶ 풀Pool 육묘법 못자리에는 비닐을 바닥에 깐다.

온 후 모판 위까지 물을 대주는 방법이다. 풀 육묘법을 쓸 상토는 따로 퇴비를 넣어주어야 한다. 퇴비 양은 상토에 40퍼센트 정도 주면 된다. 이때 퇴비는 발효가 아주 잘된 것을 써야 한다. 발효가 덜 되었으면 곰팡이가 필 우려가 있다.

파종한 육묘상자에서 4~5일 정도 지나면 싹이 하얗게 올라오는데, 이때쯤 돼서 육묘상자를 모판으로 옮긴다. 모판에 상자를 깐 다음 숨쉬는 부직포를 덮으면 파종은 끝난다.

▶ 육묘상자를 다 깔고 부직포를 덮고 다시 비닐 밑으로 흙을 높여 둑을 만든다.

▶ 바람에 날리지 않도록 비닐 끝을 흙으로 군데군데 눌러 놓는다.

▶ 둑도 다 만들고 부직포도 덮어 완성된 못자리.

## 못자리 관리

못자리 관리는 물관리가 핵심이다. 낮에는 3센티미터쯤 물을 넣고 밤에는 더 많이 담는다. 이틀째에는 물을 한 번 바꿔넣는 것이 좋은데, 아침 일찍 해버린다. 그리고 4엽째의 잎이 나올 때까지는 계속 담수를 해놓는다.

부직포는 모가 대략 2.5엽 되었을 때 날씨가 계속 따뜻하면 벗긴다. 날씨가 춥다 싶으면 3엽기까지 기다리는데, 잎의 수를 주의깊게 관찰해야 한다. 게으름 피우다 온도가 올라가면 2일 만에 반엽이 올라와 웃자라게 될 수도 있다. 보통 7~10일 정도 지나면 부직포를 벗긴다고 생각하면 된다.

부직포를 벗기면 모의 환경이 매우 급격히 변하므로 곧장 수면이 잎끝까지 찰 정도로 물을 바로 깊게 댄다. 보통 3~4일이면 적응이 된다. 그후부터 낮에는 얕게 밤에는 깊게 심수하지만 특별히 밤 온도가 내려가지 않으면 깊게 담지 않는다. 날씨가 따뜻

▶ 부직포를 벗긴 모습

▶ 이제 막 3엽이 나오고 있어 제지 시기가 약간 늦었다.

해도 물을 얕게라도 담가두어 모판이 마르지 않게 해주고, 뿌리에 공기를 공급할 요량으로 물을 뺀다면 바람 없고 따뜻한 날 밤에 모판을 말린다. 바람맞고 햇빛을 쬐면 모가 소모된다.

또 부직포를 벗긴 후 모가 냉해를 입으면 뿌리가 직근直根이 된다. 모는 천근淺根이 좋다. 뿌리가 천근이 되어야 지상부의 벼 포기도 부채꼴 모양으로 잘 자라지만, 뿌리가 직근이 되면 포기가 웃자라는데다 뿌리의 힘이 약해진다. 또한 직근이면 모 찢기도 힘들고 모 찢느라 어쩔 수 없이 뿌리를 잘라야 할 때 직근은 피해를 크게 입는다.


## 이유기 관리 ─ 3엽에서 4엽 나올 때까지

이유기는 말 그대로 젖을 떼야 하는 시기로 볍씨 영양분은 다 떨어져 이제 모가 스스로 살아가야 하는 시기다. 부직포를 벗긴 후 5～7일간이

▶ 왼쪽은 관행농으로 키운 모이고, 오른쪽이 유기농으로 키운 모이다. 왼쪽을 보면 잎사귀 발생 순서가 뒤죽박죽으로 2엽과 3엽이 맞붙어 있다. 반면 오른쪽은 잎사귀가 명확히 순서대로 나와 보기에도 좋다.

다. 이때 뿌리가 결정되는데, 뿌리를 제대로 키우려면 온도 관리가 제일 중요하다. 지온을 높이면 직근에 비해 흡수근의 비율이 커지는데, 이는 거름 흡수력이 큰 뿌리다.

이유기에는 에너지 소모가 많다. 때문에 낮에는 햇빛에 말리지 않아야 한다. 날씨가 따뜻해 물을 빼더라도 다 빼지 말고 뿌리에는 닿을 정도로 얕게 대는 게 좋다.

이유기 때는 뿌리 발육이 중요하므로 뿌리에 산소를 잘 공급해주어야 한다. 그래서 물을 빼 공기가 통하도록 해주어야 하는데, 물론 낮에는 빼지 말고 따뜻한 날 밤에 물을 빼서 바닥을 말려준다.

여하튼 이유기에는 지온을 높여주는 게 관건인데, 못자리 옆에다 아침에 물을 대놓았다가 낮 동안 따뜻해지게 해서 저녁에 못자리에 그 물을 대거나 따뜻한 날에는 물을 3센티미터 정도 얕게 대서 밤에는 식지 않도록 해 지온을 유지해주는 방법 등이다. 그러나 이유기 때는 온도나 수분

▶ 왼쪽은 관행농으로 키운 모종으로, 배게 심었기 때문에 벌써 이앙할 때가 되었다. 오른쪽은 성글게 파종하여 성묘 이앙이 가능할 만큼 충분하게 자랐다.

▶ 유기농으로 키운 모는 뿌리가 튼튼하게 자란다.

의 갑작스런 변화를 피해야 한다.

온도가 낮으면 4엽 잎집이 제대로 뻗어나오지 못해 잘못하면 3엽의 잎집 중간쯤에서 4엽이 나오는 수가 있다. 즉 3엽은 웃자라고 4엽은 제대로 나오지 못해 순서가 뒤바뀌게 되는 것이다.

모는 4엽부터 스스로의 힘으로 자라기 때문에 4엽을 순조롭게 정상적으로 틔우는 일이 매우 중요하다. 만약 4엽이 제대로 뻗지 못하면 이후 잎들이 계속해서 연달아 웃자라게 되므로 이유기 때는 급격한 변화를 피하고 지온을 잘 관리하여 순조롭게 키워야 한다.

4엽이 제대로 다 패면 이제 모는 알아서 잘 자라는데, 물은 심수가 아닌 천수(바닥물) 정도로 관리해주고, 3일에 한 번쯤은 따뜻한 날 밤에 물을 빼 적당히 산소를 공급해주면 되는 것이다.

## 5엽기

4엽이 완전히 전개하고 5엽이 나오기 시작하면 한번 웃거름을 준다. 그러나 4엽이 다 패기 전에는 절대 웃거름을 해서는 안 된다.

1차 웃거름은 엽면 살포만 해주어도 충분하다. 백초액(야채효소) 5백 배액과 현미식초 1천 배액으로 뿌려주면 된다.

5엽기부터는 특별히 추운 날이 아니면 물은 얕게 댄다. 5엽이 다 패면 2엽에서 1호 분얼이 나오기 시작한다.


## 6엽기

모는 6엽기까지로 보는 게 좋다. 옛날에는 6엽기까지 키워서 논에다 심었다. 지금이야 대충 3엽이나 4엽 때 되면 그냥 심어버리지만 이는 매우 잘못된 방법이다. 6엽까지 키워야 모가 논에 들어가도 스스로 버텨 잘 자라고 또 뿌리도 적당히 잘라서 심으면 쓰러짐도 없고 웃자람도 없이 튼튼하게 자란다. 이게 또한 소출도 많다.

6엽기는 3엽에서 2호 분얼이 시작하는 때다. 6엽기 때 2차 웃거름을 주는데, 모내기 일주일 전쯤에 주면 된다. 이때의 웃거름은 특히 인산에 중점을 두어야 한다. 인산은 벼의 체내에서 소모되지 않고 분얼과 새 뿌리가 나오는 생장점에서 작용하므로 분얼과 활착에 매우 좋다.

인산액은 2백 배액이면 적당한데, 보통 인산질을 주면 불용성이 되어 흡수가 안 되므로 가용성 인산액을 만들어준다. 이 인산액은 c.p.k* 100

## 제대로 키운 모의 모습

▶ 6엽이 나오고 2호 분얼까지 나왔다. 이때 모내기를 하면 적당하다. 모양도 부채꼴 모양을 하고 있어 균형감이 잡혀 있다.

모가 웃자라지 않고 제대로 자란 것은 옆에서 볼 때 부채꼴 모양이다. 웃자란 것은 어미 줄기보다 가지 줄기가 더 길거나 같아 무성해서 좋아 보일지는 몰라도 결코 잘 자란 것이 아니다.

잎사귀는 옅은 녹색이고 잎집은 짙은 녹색이 좋다. 주로 잎끝에서 광합성이 많이 이루어지는데, 잎끝이 짙으면 질소분이 소화되지 않은 상태로 보면 된다.

잎사귀의 길이는 잎집보다 길어야 한다. 잎집이 긴 것은 웃자란 것이다.

뿌리는 숫자도 많고 긴 것, 짧은 것 등 여러 크기로 많이 자란 것이 좋고, 새 뿌리가 자꾸 발생하는 것이 좋다.

그램을 물 1리터에 하루 24시간 동안 담근 후 우려진 원액을 2백 배로 희석해 쓰면 된다. c.p.k는 과린산석회 60킬로그램, 염화칼리 20킬로그램, 신선한 쌀겨 2킬로그램 비율로 섞은 다음 발효제로 천보 1호 2킬로그램을 섞어 만든다. 이 정도로 만들어두면 양이 많으므로 두고두고 쓰면 된다. 천보 1호 외의 발효제를 쓰지 않는다. 천보 1호는 정농회나 유기농협회를 통하면 구할 수 있다.

---

\* 과린산석회, 염화, 칼리의 원재료는 천연 광석인데 가공과정에서 화학처리가 되어 이를 쓰면 '유기재배'로 인정받지 못하고 '무농약'만 인정된다.

▶ 이앙기에 걸기 전에 먼저 육묘상자에서 모를 벗겨낸다. 이 정도의 모는 성묘보다는 짧은 중묘 쯤 된다.

▶ 이앙기에 모를 거는 모습.

▶ 이앙기의 기계가 모를 찢어 꽂고 있다.

## 모내기

　모내기 2, 3일 전 모판에 백초액을 5백 배로 희석하여 엽면 살포를 한다.

　모내기의 핵심은 성묘로 키워(5~6엽, 40~50일 모) 한 주당 적은 포기 수(2~3포기)로 단위 평당 적은 주수 (65~70주)로 심는 데에 있다.

　보통은 3~4엽짜리를 20~30일 만에 키워 15주 정도를 한 포기로 해서 평당 1백 주 가량 심는데 이는 매우 안 좋은 방법이다. 이렇게 하면 벼가 건강하지도 못할 뿐 아니라 웃자라 잘 쓰러지고 소출도 많지 않다.

　앞의 모종 얘기에서 지적했듯이 현대 관행농업에서는 아직 씨젖의 양분이 남아 있는 이유기 때 모내기를 해야 활착도 잘되고 몸살도 적다고 하고 있다. 그런데 어린 치묘를 키워 모내기하려다 보니 파종이 아주 밀식되고, 모내기할 때도 많은 포기수로 또 밀식하게 된다. 이렇게 파종 때나 모내기 때 밀식하게 되면 분얼눈들이 휴면을 많이 하게 된다. 분얼률이 매우 떨어지는 이유는 바로 이 때문이다. 이를 보완하기 위해 또 많은 포기수를 밀식하는데 문제는 분얼가지에서 이삭이 더 많이 달린다는 것이다(앞 장의 '모의 자람과 생김새' 참조).

그러나 적은 포기수로 드물게 심으면 처음엔 아주 보잘것없어 보일지는 몰라도 나중에 다 자란 벼를 보면 힘도 훨씬 좋고 보기도 더 좋다.

모를 심을 때는 되도록 얕게 심는 게 좋다. 깊게 심으면 모 뿌리 위에서 새 뿌리가 나와 생육이 나빠진다. 즉 뿌리만 잠기도록 하면 되는데, 조생종은 2센티미터, 만생종은 3센티미터 정도가 적당하다.

▶ 이 정도 되어야 성묘라 할 만하다.

▶ 모를 꽂는 모습. 모는 잘해야 두세 개를 한 포기로 하고, 꽂을 때는 얕게 하는 게 좋다.

▶ 농사 실습하러온 사람들이라 역시 모내는 모습이 어설프다.

## 활착기

활착기는 무조건 짧아야 한다. 이삭이 잘 달리는 분얼가지를 많이 만들려면 모내기 후 30일 동안이 관건인데, 이 가운데 활착기가 짧을수록 유효분얼가지가 많아진다.

활착기가 길어지면 논에 들어가 본격적으로 분얼해야 하는데, 그렇지 못하고 휴면하는 분얼눈이 많아진다. 그렇다고 질소비료에 의지하여 분얼하게 되면 헛가지 분얼이 많아진다.

관건은 역시 모가 갖고 있는 양분 축적력에 달려 있다. 모의 체력이 강한 것일수록 뿌리내림이 좋고 분얼눈도 휴면하지 않는다.

모의 체력이 좋은 것은 3일이면 활착한다. 자기가 갖고 있는 힘이 다 소모되기 전에 스스로 뿌리를 내려 양분을 흡수하고 광합성을 시작하여 독립하게 되는 것이다. 이렇게 되면 모의 잎사귀도 색깔이 바래지 않고 그대로 있다. 모의 색이 바래면 활착이 늦어지는 징조로 보아야 한다. 늦게라도 활착하면 잎이 무성해지고 그 색이 다시 돌아오는데 그렇다고 좋은 것은 아니다. 그만큼 생육이 고르지 않다는 증거일 뿐이다.

그러나 모를 내면 바로 활착하는 것이 아니므로 활착 전까지는 관행농 모를 낸 것과 비교해보면 전체적으로 초라해 보이는데, 이는 기다란 성묘를 심는데다 포기수도 적어서 그런 것이므로 그렇게 걱정할 일은 아니다.

모내기 후 본답에서 활착기를 빠르게 하는 방법은 따뜻한 물을 충분하고 깊게 대주는 것이다. 성묘를 심어야 하므로 물은 최소한 5~8센티미터는 되어야 한다.

찬 계곡물을 받아야 하는 산간지에서 물을 따뜻하게 대주려면 논둑 안쪽으로 빙둘러 고랑을 판다. 그러면 찬 계곡물이 논 안쪽으로 바로 들어가지 않고 파논 고랑으로 빙둘러 찬 다음 따뜻해져서 논 안쪽으로 넘쳐 흘러 들어간다.

고랑을 파면 땅 면적을 차지하게 되어 그만큼 모를 덜 심게 되지 않겠냐고 의문을 가질 수 있으나 차가운 물에 피해를 입어 벼가 제대로 크지 않는 것보다는 훨씬 낫다.

산간지 계곡물이 아니라 지하수라 할지라도 수온이 낮으므로 같은 방법을 쓰면 좋다. 둑 안쪽에 고랑을 파는 것은 수온 상승을 위한 것말고도 다른 좋은 효과를 낼 수 있다. 물이 전체적으로 서서히 차 들어오는 효과를 낼 수 있다는 것이다. 물이 입수구에서 밀려들어오면 그쪽에 있는 벼들은 스트레스를 받게 된다. 그 결과 벼는 전체적으로 고르고 건강하게 자라기 힘들어지고 말 것이다.

# 모내기 후 물뺄 때까지

## 본답 준비

가을 추수를 하면 곧바로 로터리를 쳐서 아직 녹색기가 남아 있는 볏짚을 갈아넣는다. 이 볏짚에는 영양분이 남아 있어 누렇게 마르기 전에 흙에 갈아넣어 녹비로 활용하는 것이다. 특히 벼가 많이 흡수하는 규산질 비료를 4, 5년 주기로 논에 넣어주어야 하는데, 이를 논에다 되돌려주니 이 문제 또한 절로 해결되는 셈이다.

그런데 대부분의 농가에선 볏짚을 그대로 논에 버려둔 채 깔아놓는다. 다음해 봄이 되면 거름으로 사용할 겸 병충해 예방을 위해 볏짚을 태워버리지만 화재 위험도 있을뿐더러 논에서 살고 있는 거미 등 익충들을 죽여버리는 역효과도 있다. 몇 줌도 되지 않는 재는 거름으로도 별 효과가 없다. 그리고 해충들은 논둑에 많이 살고, 막상 논에는 익충들이 많이 살고 있어 병충해 예방 효과도 별로다.

예전엔 축산 사료 등 볏짚 재활용 용도가 많았지만 최근엔 볏짚의 용도가 떨어져 매년 논에서 남아도는 볏짚 처리가 또 다른 골칫거리가 되고 있는데 이를 거름으로 재활용한다면 이런 고민은 많이 덜 수 있다.

요즘엔 화재 위험 때문에 관공서에서 볏짚을 태우지 말고 논에 넣을 것을 권장하지만 무작정 볏짚을 방치한다고 해서 거름 효과를 기대할 수 있는 것은 아니다. 더구나 흙이 살아 있지 않은 관행논에선 볏짚을 분해할 미생물이 모자라 더더욱 분해를 기대할 수 없어 봄에 모내기할 때 거추장스럽기만 하다.

가장 중요한 핵심은 수확한 후 바로 녹색기가 살아 있을 때 갈아엎고 물을 대주는 것이다. 콤바인으로 수확할 때 볏짚을 3등분으로 썰면서 수확하면 로터리 칠 때 잘 갈아진다. 그리고 적당한 물로 적셔주면 최상의 분해 조건이 되는데, 유기농으로 논이 살아 있으면 더더욱 발효 걱정은 없다.

추수 후 볏짚을 갈아엎는 경운 작업은 10아르(a)당 천보효소 20킬로그램에다 쌀겨 2백 킬로그램, 또는 생 계분 3백 킬로그램(또는 건 계분 1백 킬로그램)을 뿌려 볏짚과 함께 경운해둔다. 쌀겨나 계분이 아니면 우분이나 돈분을 4백~5백 킬로그램 정도 넣어준다. 생 볏짚만을 그냥 갈아 넣으면 논에 있는 거름기를 빼앗길 우려가 있다. 미생물이 생 볏짚을 분해하는 데 질소질 비료가 필요하기 때문에 오히려 땅속의 거름기를 소모해버린다. 그래서 질소질 비료 효과가 뛰어난 축분을 넣어주는 것인데 여기에다 효소를 함께 넣어주면 다음해 봄에 충분히 발효가 된다.

가을갈이는 더불어 제초 효과도 있다.

봄이 되면 본격적으로 논 만들기를 해야 한다. 논 만들기의 주요작업은 경운이다. 3월 말부터 5월 초까지 2~3회 정도 로터리를 치는데, 먼저 3월 초에는 잘 숙성된 유기질 퇴비를 10아르당 3백 킬로그램 넣어서 로터리를

▲ 오른쪽은 수확한 후 그대로 방치한 논이고 왼쪽은 바로 갈아버린 논의 모습이다.

▼ 바로 갈면 볏짚의 양분이 날아가지 않고 그대로 논에 공급된다.

친다. 다음엔 4월 말이나 5월 초에 봄 풀을 제거하기 위한 로터리를 친다. 그리고 마지막으로 모내기 전 얕게(5센티미터) 로터리를 친다. 로터리를 할 때는 반드시 논바닥을 평평하게 만들어주어야 한다. 그래야 모든 벼들에 골고루 물을 댈 수가 있고 그게 기본이 되어야 오리농법이든, 우렁이 농법이든, 심수관리든 가능할 수가 있다.

다음으로 논가꾸기에서 중요한 것은 심수(깊은 물)관리를 하기 위한 높은 둑 만들기다. 모내기 후 물을 적어도 8센티미터 이상 담아두고 벼가 자랄수록 물을 더 깊게 대는데, 이를 위해 둑은 적어도 30센티미터 이상은 되어야 한다. 심수관리에 대해서는 다음에 자세히 다루게 될 것이다.

논은 물을 이용하는 것이기 때문에 물관리가 무엇보다 중요하다. 물을 담을 때는 서서히 사방에서 물이 스며들 듯이 해야 한다. 물이 들이닥치듯 들어와 벼에게 충격을 주면 벼에 나쁜 영향을 준다. 이를 막기 위한 방법으로는 앞에서 설명했듯이 논둑 안쪽 사방으로 고랑을 파두는 것이다. 그러면 관수구에서 들어온 물이 사방의 고랑에 먼저 차고 넘치면서 서서히 벼들을 물에 잠기게 할 수 있다.

산골처럼 물이 찬 지역에서 이 고랑은 물을 데워주는 역할도 한다.

오리농법에서는 울타리를 설치할 때 논둑에다 하지 않고 논 안쪽으로 하기 때문에 마찬가지로 이 고랑은 유효하다. 논둑에다 울타리를 설치하면 나중에 둑에 자라는 풀들이 울타리에 얽혀 풀을 깎는 데 여간 불편한 게 아니다.

▶ 드렁이. 논둑에 구멍 뚫고 사는 놈이라 논에선 귀찮은 놈이다. 그렇지만 드렁이가 있으니 이 논이 살아 있음을 알 수 있다. 식용과 약용으로도 이용된다.

▶ 민물 새우.

## 본답 관리

본답에서 벼를 재배 관리하는 데 핵심은 처음엔 보잘것없이 키웠다가 서서히 생장시켜 튼실하게 키워가는 것이다. 보통 농가에선 처음부터 무성하게 키워서 질소질 비료를 듬뿍 주어 계속적으로 무성하게 키우곤 하는데, 이는 참으로 잘못된 재배법이다. 그러다 보니 벼가 웃자라 도복(쓰러짐)도 심하고 질소질 비료로 무조건 키우기만 하니 병충해도 많다. 또한 질소 비료에 의존하여 계속 분얼한 것은 활력이 없어 이삭이 달리지 않는 헛가지 분얼(무효분얼)을 하게 된다.

벼농사의 반은 모 키우기에 있다고 해도 과언이 아닐 정도로 모 단계에서 제대로 된 모를 가꾸는 일이 벼농사의 중요한 관건이다. 지금까지 얘기한 대로 모를 키우면 일반적인 모보다 더 건강하고 힘 있는 모가 되지만, 관행논에 비해 아주 적은 거름을 넣은 논에다 두세 개 적은 수로 모를

▶ 오른쪽처럼 일반 관행논에선 한 포기당 14~15개를 심어 아주 무성해 좋아 보인다. 그러나 왼쪽처럼 초라하게 1~3개 심은 포기가 오히려 나중에 수확이 더 많다.

심으니 곁에서 보기엔 아주 보잘것이 없다.

관행논에선 한 포기에 15개 이상을 무성하게 심어 아주 무성하여 좋아 보이기는 하다. 거기에다 처음부터 질소질 비료를 듬뿍 주다 보니 벼는 계속 무성하게 큰다.

그러나 초기 벼의 생장은 질소에 의존하기보다 인산 비료 중심으로 키워야 한다. 논 만들기에서 초기에 넣어준 질소 비료와 모 단계에서 45일이나 키운 성묘이기 때문에 그 힘으로 벼의 줄기나 잎사귀는 서서히 키워가고 인산을 중심으로 하여 분얼과 뿌리 발육에 초점을 둔다.

## 분얼기

벼 일생의 반은 모 키우기에 달려 있다고 한다면 그 다음으로 중요한 것은 모내기 후 분얼기에 있다. 벼이삭은 분얼한 가지에서 더 많이 열리게 되어 있다. 모내기할 때도 적게 심는 것은 그만큼 많이 분얼하게 하여 소출을 더 올리고자 하는 것이다. 말하자면 키를 키우거나 무조건 무성하게 키우는 것과는 거리가 있다.

모내고 나서 분얼을 본격적으로 시작하는 활착 후에는 인산 비료가 많은 쌀겨를 10아르당 50킬로그램 뿌려주고 가리 비료와 효소가 포함되어 있는 C.P.K 20킬로그램 그리고 질소 비료로는 계분을 5킬로그램만 뿌려준다. 인산을 중심으로 분얼을 촉진시키는 것이다.

그러나 여기에서 쌀겨는 비료도 비료지만 역시 주목적은 제초에 있다. 쌀겨를 물 위에 뿌려줌으로써 햇빛을 차단하여 물속의 풀 발아와 성장을 억제하고자 하는 것이다. 쌀겨를 뿌릴 때는 직접 논에 들고 들어가 손으로 흩어 뿌려주는 것이 좋다. 관수구에서 물을 들여보내면서 물살에 따라 흘러들어가게 해주는 방법도 있지만 이는 쉽기는 한데 골고루 뿌려지지 않는 단점이 있다.

다음으로 분얼을 중심으로 한 영양생장기에서 생식생장기로 넘어가는 교대기, 즉 이삭 패기 약 40~45일 전(8월 초순 이삭 패는 품종은 6월 말경, 8월 하순 이삭 패는 품종은 7월 중순경)에 쌀겨 20킬로그램과 발효 계분 20킬로그램을 뿌려준다.

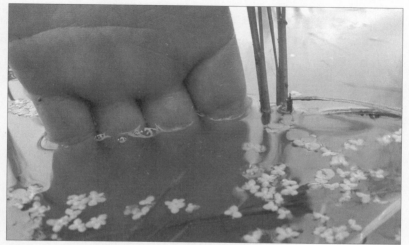

▶ 사진처럼 손가락이 다 들어갈 정도로 해서 최소 5센티미터 이상 물을 담가야 한다.

## 심수관리

분얼기의 재배 핵심은 심수관리에 있다. 심수관리는 제초를 위한 작업이다. 물은 산소를 차단하고 햇빛 투과를 억제하여 풀의 발아와 생장을 막아주는 효과가 있다. 그러나 물을 얕게 대서는 그 효과를 크게 기대할수가 없다.

벼농사에서 제일 골칫거리인 풀은 뭐니뭐니 해도 역시 피다. 논에 물을 대면 피는 대략 일주일이면 싹이 튼다. 그래서 써레질 후 모내기가 일주일이 넘으면 이미 모를 낼 때 피는 발아하기 시작하기 때문에 그 기간이 짧아야 한다. 보통식으로 2~3센티미터 정도 물을 담그게 되면 피는 모낸 후 4∼5일이 지나자마자 수면 위로 고개를 내민다. 이를 막기 위해 물을 최소한 5∼8센티미터 이상 담가야 하는 것이다. 피가 발아하여 제1엽을 수면 위로 내밀면 잎의 기공에서 산소를 끌어들여 뿌리로 보내는 통기조직이 발달하기 때문에 완전히 물에 가둬놔야 제초를 기대할 수 있다.*

그러나 물달개비같이 아주 적은 산소만으로도 발아할 수 있는 풀을 잡으려면 심수관리만 갖고는 힘들다. 그런 풀은 유기질 재료가 발효될 때 발생하는 유기산으로 잡을 수가 있는데, 쌀겨를 뿌리면 그 효과를 얻을 수가 있다. 쌀겨를 물 위에 뿌려주면 햇빛을 차단하는 물리적 효과도 있지만 물을 만나 발효되어 유기산을 발생시켜 풀의 발아를 억제한다. 그래서 심수관리는 반드시 쌀겨뿌리기와 함께 해야 한다.

이런 심수관리를 위해 육묘 단계에서 성묘(5엽에서 6엽까지, 약 15센티미터)로 크게 키워야 하는 것인데, 또한 드물게 심기 때문에 잘못하면 그 빈 공간을 풀에게 빼앗길 수가 있다. 그 공간은 앞으로 벼가 힘차게 분얼하여 채워야 할 자리이기에 초기에 풀을 잡는 것은 한해 농사의 최대 관건이라 할 만하다.

더불어 심수관리를 하면 두터운 물층이 뛰어난 보온 역할을 하여 기온 변화에 크게 영향받지 않아 생육리듬이 안정된다. 그리고 심수로 분얼가지를 아주 튼튼하게 키울 수 있다. 벼는 물에 잠기면 잎집이 수면 쪽으로 자라는 성질이 있어 분얼가지의 아랫잎 위치가 주간(어미줄기)의 잎몸과 같아진다. 그러면 분얼가지의 햇빛 흡수량이 주간과 같기 때문에 포기 전

---

\* 민간벼농사연구회, 『제초제를 쓰지 않는 벼농사』(들녘, 2001) 참조.

\*\* 같은 책.

체가 굵고 튼튼하며 이삭도 크다.**

마지막으로 심수관리는 오리를 풀어 제초도 하고 병해충도 예방하는 오리농법과 연계하여 활용할 수가 있다. 오리농법에 대해서는 이 책의 뒷부분에서 자세히 다룰 것이다.

분얼기에는 튼튼한 뿌리 만들기도 빼놓을 수 없는 재배 과제다. 다시 한 번 말하지만 벼는 처음엔 보잘것없게 키웠다가 서서히 키워가는 것이 중요함을 염두에 두자. 따라서 지상부의 잎과 줄기는 별 볼일 없어도 땅속의 뿌리는 제대로 키워야 포기가 튼실하고 이삭도 많이 열린다. 분얼을 질소질 비료에 의존하지 않듯이 뿌리 만들기도 인산 성분에 의존해야 한다.

모낸 직후 나오는 새로운 뿌리는 모가 갖고 있는 체내 양분으로 자란다. 따라서 뿌리 만들기 또한 모 단계에서 얼마나 충실하게 양분 축적력이 있게끔 키우는가에 달려 있다.

모를 낸 이후 벼가 본답에서 잘 활착했다면 뿌리를 발육시키는 작업을 해야 하는데, 포기 밑둥긁기 작업이 그것이다. 보통 밭에서 작물이 자리를 잡았으면 흙을 북돋아주어 뿌리에 산소 공급을 원활히 해주는 것과 마찬가지의 원리인데, 방법은 그와 반대다. 즉 포기 주변의 흙을 북돋는 게 아니라 반대로

▶ 대나무는 벼와 같은 화본과禾本科라 벼에 좋은 영향을 준다. 띠는 계절에 맞는 색깔을 달리해서 달아 준다.

긁어내어 뿌리의 발육을 촉진시킨다. 이 작업은 더불어 깊게 심어져 고르지 못한 모를 교정하는 효과도 있다. 모를 깊게 심으면 기존의 뿌리말고도 표토 바로 밑에서 새 뿌리가 나오게 되는데, 이렇게 되면 벼 자체도 힘이 없고 전체적으로 포기들이 고르지 못해 균형 있게 성장하질 못한다. 그런데 포기 밑둥을 긁어내주면 깊게 심어진 모를 들어올리는 효과가 있어 고르게 자라도록 할 수가 있다.

밑둥긁기 작업은 동시에 풀을 매주는 김매기와 병행해서 한다. 작업은 뒤로 물러서면서 한다. 전진하면서 하게 되면 긁어낸 것을 발로 밟게 되기 때문이다.

그러나 물이 담겨져 있을 때는 아무래도 흙 속에 산소를 원활히 공급하기 어렵다. 산소가 많이 공급되지 않으니 뿌리가 본격적으로 자라는 것은 물을 빼는 시기부터다. 이때부터는 분얼기와 영양생장기가 거의 끝나갈 무렵이어서 벼는 본격적으로 이삭 팰 준비를 하게 된다.

## 모낸 후 40일 이후의 재배

모낸 후 40일이면 대략 이삭 패기 30일 전쯤이 된다. 이때가 되면 벼는 영양생장에서 생식생장으로 넘어가게 되고 그 넘어가는 중간에 잠깐 교대기가 며칠 자리하고 있다. 대략 이삭 패기 40일에서 30일쯤이라고 생각하면 된다.

이 시기는 벼 일생에서 매우 중요한 전환점으로 영양생장을 멈추고 열매를 맺는 생식생장으로 넘어가는 시기이므로 벼는 이때 최대의 체력을 갖추게 된다. 사람으로 치자면 사춘기를 끝내고 성인으로 접어들어 2세를 준비하는 시기라고 생각하면 된다.

이 시기 재배의 최대의 과제는 튼튼한 뿌리 발육에 있다. 즉 기존까지는 분얼을 목적으로 했다면 이제는 뿌리발육을 목적으로 하여, 강한 뿌리로 영양분을 최대한 흡수하여 포기 전체에 영양이 골고루 미치게 하면서 좋은 이삭을 맺도록 해야 한다.

분얼기에는 심수관리가 핵심이었다면 이때는 물을 빼서 흙 속에 산소 공급을 원활하게 하여 뿌리를 키우는 데 핵심을 둔다. 이쯤 되면 날씨는 냉해 염려가 없는 한여름이어서 보온 역할을 해준 물이 더 이상 필요없게 된다.

이 시기의 특징을 간단히 열거하자면, 분얼은 끝나고 어린이삭(幼穗)이 형성되며 뿌리는 밑으로 뻗기 시작한다. 한마디로 강한 뿌리로 최대의 체력을 갖춰 튼튼한 이삭을 맺을 준비를 하는 것인데, 그것은 얼마만큼 뿌리에 전분을 축적하느냐에 달려 있다. 모든 식물은 광합성을 통해 햇빛을 흡수하여 영양분을 뿌리에 축적하는데, 그것이 전분이다. 전분은 열매 줄기와 지경을 튼튼하게 해주는 역할을 하는 아주 중요한 양분이다.


## 물빼기―간단관수

뿌리를 발육시키는 데에는 산소가 필수다. 이를 위해 벼의 분얼이 끝날 즈음인 이앙 후 40일쯤에 물을 뺀다. 그런데 땅에 금이 갈 정도로 물을 완전히 빼는 것은 금물이다. 바닥이 완전히 말라 수분이 부족하여 다시 물

## 이 시기의 이상적인 벼의 모습

한마디로 웃자라지 않으면서 서서히 생육을 계속하는 상태여야 한다. 키는 짧고 잎의 길이가 잎집보다 길어야 하며 잎은 늘어진 것처럼 보여도 잎끝은 살짝 위를 쳐다보고 있는 게 좋다. 이때 잎 색은 연한 녹색이지만 잎집은 진한 녹색을 띠어 논 전체를 멀리서 볼 때는 잎만 보여 연하지만 가까이 갈수록 잎집이 눈에 들어오므로 진한 녹색으로 보인다. 한 포기의 모습은 부채꼴로 벌어진 개장형이 좋다. 그래서 키는 별로 크지 않고 잎수만 늘려가도록 해야 한다.

을 담아주게 되면 오히려 뿌리가 썩게 되는 문제가 발생한다. 수확 전 물을 완전히 빼기 전까지는 흙이 물에 약간 젖어 있을 정도로 물을 계속 담아두어야 한다.

보통은 뿌리를 발육시키기 위하여 7~10일 정도 바닥에 금이 갈 정도로 물을 말리는데, 이는 산소를 공급하는 데에는 좋지만 다시 물을 담게 되면 산소를 좋아하는 미생물이 없어져 뿌리가 썩거나 망가지게 된다. 그렇게 되면 뿌리만이 아니라 아랫잎이 한 장씩 말라 죽는 현상이 일어난다. 잘못하여 물을 완전히 말렸더라도 물을 다시 댈 때는 서서히 5~7일에 걸쳐서 작업을 하는 게 좋다.

물을 약하게 담아두면 뿌리는 산소를 공급받아 밑으로 뻗게 된다. 이때 고랑 사이에 손을 질러보면 뿌리를 느낄 수가 없다. 그러나 물을 계속 담아두거나 관리가 잘 안 되면 뿌리가 옆으로 뻗어 천근층이 생긴다. 이렇게 지표면에 뿌리가 발달하면 지표의 거름만 흡수하여 처음엔 과잉흡수가 되었다가 나중엔 뿌리끼리 경쟁하여 거름부족 현상이 일어나고, 그리하여 포기의 키는 자라지 않고 잎수만 늘어난다.

이때 주는 거름은, C.P.K 20킬로그램과 발효된 질소질 비료(계분, 깻묵) 5킬로그램을 준다.

# 이삭 팬 후부터 벼가 익기까지

## 이삭 패기 20일 전의 관리

이삭 패기 20일 전이 중요한 것은 이때쯤 되면 이삭이 태어나기 때문이다. 정확히 말하면 이삭 패기 25일 전부터 이삭이 태어나기 시작하여 약 열흘간 자라나 벼알 수가 결정된다. 즉 벼알 수가 이 기간 동안 불어나는 것이다.

이삭 패기 20일 전부터 이삭 팰 때까지의 기간에는 감수분열이 벌어지는데, 대략 이삭 패기 12일 전 무렵이며 이때 체내에서는 꽃가루가 만들어진다.

이때 벼알의 퇴화현상이 나타난다. 보통 이삭에 달린 벼알은 150~200알쯤 되는데, 팰 무렵엔 심하면 40~50퍼센트까지 줄어버린다. 기껏해야 120알 정도 달리는 게 보통이다. 감수분열기는 퇴화현상이 제일 심할 때를 가리킨다. 퇴화현상은 이삭이 태어나서 패어나오는 동안 줄기 속에서 없어져버리기 때문에 일어난다. 이삭의 퇴화는 벼알이 하나씩 없어지는 것도 있고 이삭의 가지가 모조리 없어지는 것도 있다. 보통 이삭 하나에 가지가 열 개 정도 달리는데 심하면 다섯 개까지 퇴화하기도 한다.

이삭의 가지는 잎에서 광합성으로 만들어진 탄수화물(전분)을 이삭으로 보내주는 연결통로 역할을 한다. 따라서 이 가지가 분화하는 무렵에 거름이 과하면 가지의 세포가 약하고 웃자라 등숙기에 빨리 시드는 원인이 된다. 아무리 잎이 생생하여 전분을 많이 축적한다 하여도 이삭의 가지가 약하면 벼알이 제대로 여물 수가 없다. 이 가지를 튼튼하고 생생하게 자라게 하는 것이 많은 곡식을 거두는 핵심 요인이 되는 것이다.

이삭의 퇴화는 가지 자체가 없어져버리는 경우와 가지에 달린 벼알이 없어져버리는 경우가 있는데, 이삭이 분화할 때 벼알은 아직 씨를 맺기 전인 꽃 상태에 있게 된다. 즉 벼알의 퇴화란 사실상 벼꽃의 퇴화를 일컫는 것이라 보아야 한다.

그런데 앞에서 감수분열기에는 벼줄기 체내에서 이삭이 꽃가루를 만들고 있는 때라 했다. 따라서 감수분열기의 피해를 최소화하려면 이삭이 꽃가루를 제대로 만들 수 있도록 힘을 받쳐주어야 한다.

꽃가루는 벼에 축적되어 있는 전분에 의해 힘을 받는다. 광합성으로 축적된 전분이 이삭의 가지에 의해 꽃가루로 제대로 전달되어야 하는 것이다. 그렇다면 벼가 전분을 축적하는 것은 언제 어떻게 결정되는가? 이는 앞에서부터 줄곧 얘기했듯이 질소비료에 의해 축적되는 것이 아니라 인산비료에 의해 축적되고 또 이삭이 분화할 무렵에 만들어지면 이미 늦어지는 것이므로 미리부터 벼가 충분히 이를 축적하고 있어야 한다.

따라서 전분 축적이 적은 벼는 이삭의 퇴화현상이 급격하여 꽃의 활력도 떨어지고 결국 알수가 적고 쭉정이나 싸라기가 많아지게 된다.

## 이삭 패기 20일 전을 판별하는 법

제일 단순한 방법은 전년도 이삭 팬 날을 기록해두었다가 역산하는 법이다. 이는 약간 불확실한 문제가 있기는 하다. 더 좋은 방법은 어린 이삭의 길이가 약 2밀리미터 정도 되었을 때, 즉 이삭의 분화가 눈에 띄기 시작할 때쯤이면 25일 정도되므로 이후 4, 5일 지나면 20일 전이 되는 것이다.

좀더 정확한 방법으로는 잎이 16매 품종일 경우 끝잎에서 두 번째 잎이 반 나왔을 때인데, 여기에서 15매 품종이면 하나를 빼고 17매 품종이면 하나를 더하면 된다.

보통 잎사귀 수는 15~17매가 적당하다. 벼의 생육 단계를 정확하게 파악하려면 실험용으로 논둑 가까운 쪽에다가 한 포기씩 몇 개를 심어 5매째부터 매직으로 표시해둔다.


## 이삭거름 주기

이삭 팰 전후에 주는 거름은 앞에서 말한 것처럼 이삭의 퇴화현상을 최소화하여 벼알을 많이 열리게 하도록 한다.

거름은 세 번에 걸쳐서 주는데, 이삭 패기 20일 전과 이삭 패기 직전과 이삭 팬 직후에 준다.

거름은 질소비료를 되도록 적게 주고 인산과 가리, 칼슘 위주로 준다. 질소질 비료를 줄 때는 이삭 패기 20일 전에만 한정한다. 이는 이삭의 퇴화가 제일 심할 때이므로 감수분열기에 그 효과가 나도록 하는 것인데,

그렇다고 질소비료를 많이 주어서는 안 된다. 가리와 인산과 비슷한 비율로 주는데, 10아르당 C.P.K 20킬로그램과 계분을 5킬로그램 준다.

다음으로 이삭 패기 직전, 즉 어린 이삭이 분화하기 시작할 무렵엔 칼슘제를 살포해주고(5백 배로 10아르당 물 5말) 이삭 팬 직후에는 칼슘제와 영양제로 백초액(야채효소나 천연녹즙)을 섞어 3, 4회 뿌려준다.(2주 간격으로 5백 배로 10아르당 물 5말 ) 즉 질소질 비료는 전혀 주지 않고 영양제와 칼슘 위주로 뿌려준다.

이삭 팬 후 이삭거름을 줄 것인지 판단은 수잉기(이삭 패기 10~5일 전)를 기준으로 한다. 대개의 벼는 20일 전 무렵부터 잎이 진해지다가 수잉기 때 퇴색되는데, 그러다 이때를 지나면 다시 색이 푸른색을 띠게 된다. 수잉기 때 퇴색되는 색을 외워두는 게 좋다.

이삭이 팼는데도 수잉기 때보다 연해지면 이삭거름을 주어야 한다. 보통 벼는 이삭 팬 후 10일쯤 돼서 퇴색하기 시작하는데 그대로 두면 체력이 약해져 이삭 도열병이 우려된다. 이삭거름을 주는 시점은 녹색이 잎끝에서 잎집으로 내려가기 시작할 무렵이다.


## 이삭 팬 후와 등숙기

이삭 팬 후 벼알이 익는 등숙기간은 40일 이상이 걸린다. 일조량이 좋고 온도는 섭씨 20도 이상이어야 한다. 이때쯤은 초가을이지만 햇빛이 뜨겁고 낮에는 기온이 높아 벼가 익는 데 아주 좋다. 요즘은 일찍 여무는 올벼를 많이 심지만 어쨌든 이삭이 팬 후 등숙기간 때의 기온 조건을 고려하여 심어야 한다. 특히 요즘은 6월 말 7월 초의 원래 장마보다 7월 말 8월 초의 2차 장마 때 비가 많이 내리므로 이때쯤 이삭이 패게 되면 큰 피해를 입을 수 있으니 주의해야 할 것이다.

등숙기 때의 벼는 위에서 3매째의 잎이 가장 긴 것이 좋고(16매 품종일 경우에는 14매째 잎. 39쪽 〈그림9〉 참조), 마지막 잎은 작아도 상관없다. 2매째와 마지막 잎이 세 번째보다 작아야 이삭의 분화가 제대로 된다는 것을 말한다. 이삭이 제대로 분화가 안 되면 양분이 잎쪽으로 쏠려 2매와 마지막 잎이 커지게 된다.

이삭 팰 때는 적어도 다섯 개 정도의 잎이 생생해야 하고 수확하기 직전에는 적어도 세 매 정도가 생생해야 한다. 잎이 살아 있다는 것은 뿌리의 활력이 좋다는 것을 뜻한다. 벼베기 직전에는 적어도 위의 3~5번째 잎이 생생하여 푸른색을 띠어야 한다.

등숙기 때의 벼 줄기는, 아랫마디의 절간이 웃자란 것은 좋지 않다. 이삭이 팬 후 다섯 번째 절간은 포기 속에 묻혀 거의 보이질 않을 정도로 자라질 않는 게 정상이다. 5~10센티미터 정도 되면 웃자란 것이어서 도복하기 쉽다. 첫 번째 절간이 밑의 네 개의 절간을 다 합친 길이보다 긴 것이 정상이다.

이삭의 상태는 처음 분화할 때는 150~200알 정도 되었다가 감수분열기를 거치면서 120알 정도로 준다. 심하면 40~50퍼센트까지 줄 수가 있다. 여하튼 앞에서 얘기한 대로 이 감수분열기를 잘 관리하여 벼알이 줄어드는 것을 최소화하도록 한다. 이를 위해선 출수 30일 전부터 전분축적이 충분한 벼가 되어야 하며 심수관리로 벼 줄기가 두껍고, 크게하며 감수분열기에 저온의 영향을 받지 않도록 해야 한다. 출수 후 등숙기까지

▶ 벼꽃이 폈다. 벼꽃은 오전 중 2시간 정도만 핀다. 이삭 위로 촘촘히 틔어 나온 것이 수술이다. 벼는 자가수분만 하기 때문에 곤충이나 바람 힘을 빌리지 않고도 충분히 수분을 한다. 비가 오면 이삭을 닫고 안에서 수분한다.

▶ 성공적으로 수분이 되어 이삭 안에 볍씨가 무럭무럭 자라고 있다. 벼는 익을수록 고개를 숙인다는 말을 실감할 수 있는 장면이다.

▶ 이삭이 거의 퇴화된 것 없이 아주 알차게 달렸다.

▶ 깜부기 병에 걸린 이삭.

벼 잎사귀가 푸른색을 띠며 생생하게 살아 있어야 벼알이 충실하고 싸라기가 없는 완전미 생산이 가능하다. 벼가 출수해서 35일까지는 논상태를 5~7일에 한 번씩 발자국에 물이 고이도록 해줘야 더욱 맛있는 쌀이 생산된다.

▲ 칠성무당벌레는 벌레를 많이 잡아먹는 익충으로, 또 다른 농부다.

▼ 오른쪽은 관행농 논이고 왼쪽은 유기농 논이다. 81쪽의 모내기 한 후의 관행농과 유기농 논의 비교 사진을 참고해보자. 그 두 논이 이렇게 차이가 나게 자랐다.

# 벼 수확기 때 할 일들

## 벼 수확

수확 적기는 보통 이삭이 팬 후 45일 정도로 보면 된다. 조생종은 35~40일, 중생종은 45~50일, 만생종은 55~60일 정도가 적당하다. 겉으로 색깔을 보고 판단할 때는 이삭의 지경이 90퍼센트 이상 노란색으로 변했을 때로 보면 된다. 잎사귀가 아직 녹색을 띠고 있더라도 이삭이 노랗게 익으면 거두어야 한다.

수확을 너무 일찍 하면 아직 익지 않은 청미靑米, 곧 등숙이 덜 된 쌀이 많아져 소출이 적어지고, 반대로 너무 늦게 하면 쌀알이 깨지거나 갈라지는 동할미胴割米가 많아지고 맛도 떨어진다. 뿐만 아니라 이삭목이 부러지는 것이 많아져 탈곡이 어려워 손실이 커진다. 또한 새나 쥐 등의 피해를 받기 쉽고 도복으로 인한 피해를 받을 수가 있다. 그러니 익고 나서 적기에 제대로 거두는 것도 재배만큼 중요한 일임을 잊어선 안 되겠다.

수확을 하기 대략 15~20일 전에는 논의 물을 빼서 바닥을 바짝 말려

두어야 한다. 이삭이 영글어 막바지 등숙이 되는 때로 미질이 더 충실해지는 시기인지라 더 이상 물도 필요없기도 하거니와 수확 작업을 위해선 바닥이 말라야 편하기 때문이다. 특히 콤바인 같은 무거운 농기계가 들어가 작업을 하려면 더더욱 바닥이 바싹 말라 있어야 한다.

요즘은 콤바인이 널리 보급되어 있고 또한 노동력이 노령화되어 있어 거의 대부분 이 기계로 수확하고 있다. 콤바인은 벼 포기를 거둠과 동시에 탈곡도 하고 부산물로 나오는 볏짚은 그대로 논에 깔아주는 아주 편리한 농기계다. 벼를 낫이나 바인더로 베서 말린 다음 탈곡기로 털고 다시 볏짚을 논에 깔아주어야 하는 복잡한 수고를 할 필요가 없게 되었다.

그러나 콤바인이 들어갈 수 없는 작은 논이나 다락논 같은 곳에선 낫이나 바인더로 베어 말려야 한다. 바인더는 벼를 베어 묶어주기까지 하기 때문에 볏짚을 세워 말리는 과정은 직접 손으로 해주어야 한다.

건조 방법은 거꾸로 매다는 것이 좋지만 대개는 볏단을 묶어 세워말리거나 그것도 여의치 않으면 바닥에 직접 깔아 말리는 경우도 있다.

탈곡하여 얻은 알곡도 건조를 해야 한다. 탈곡한 벼의 건조는 멍석을 깔아 비닐하우스나 콘크리트 또는 아스팔트 바닥에 말리곤 하는데 건조 기계로 말리기도 한다.

알곡을 말리는 건조 과정에서 제일 중요한 것은 동할미를 줄이는 일이다. 수확 적기에서 말했듯이 동할미는 쌀의 수확을 너무 늦게 해 쌀알이 깨지거나 금이 가는 현상을 말하는데, 건조할 때에도 너무 고온이거나 오래하게 되면 동할미가 발생한다. 그러면 도정할 때 쌀알이 깨지거나 부서져 싸라기로 손실되어버린다. 뿐만 아니라 맛을 결정하는 전분이 노화되어 맛도 현격히 떨어지게 되니 주의해야 한다.

건조한 다음에 해야 할 중요한 일은 저장이다. 저장을 잘못하여 벌레의 피해를 받거나 환경이 좋지 않아 썩거나 변질될 수가 있어 쌀 맛을 유지하는 데 저장은 아주 중요한 일이다. 가장 쉬운 방법은 전혀 도정하지 않고 벼알 자체로 보관하고 먹을 때마다 도정을 하는 것이다. 두터운 왕겨가 쌀알을 보호하고 있으니 안전하기 때문이다. 덧붙여 통풍과 약간 서늘한 그늘이 있는 장소와 쥐 같은 짐승의 피해를 막을 수 있는 곳이라면 별문제가 없을 것이다.

벼알은 현미보다 부피가 두 배나 커서 벼 자체로 보관하기에 부피가 부담된다면 백미보다는 강한 현미로 저장하는 것이 좋다. 먼거리로 유통시킬 때도 좋은 방법이다.

그때그때 도정하기 힘든 조건이라면 어느 정도 필요한 만큼 도정한 것을 한겨울 추운 곳에다 보관해두는 것도 한 방법이다. 그러면 벼 속에 숨어 있던 해충의 알이나 애벌레를 얼어죽게 하여 해충 피해를 줄일 수 있다.


## 종자 수확

어쩌면 먹을거리를 수확하는 일보다 더 중요한 것이 다음해에 쓸 종자를 거두는 일일 것이다.

종자는 그 지역에 잘 적응하는 것이어야 하므로 지역에서 가장 잘된 벼의 종자를 수확하도록 한다. 기본적으로 수확은 음력으로 그믐 때가 좋지만 종자는 특히 그믐 때를 맞추도록 한다. 대개 종자 수확은 본 수확하기 열흘이나 보름 전이 좋은데 그러다 보면 본 수확을 그믐에 맞출 수가 없

▲ 종자로 쓸 것은 낫으로 벤다.

▲ 홀태. 요즘은 콤바인으로 탈곡하지만 옛날엔 이렇게 홀태로 탈곡했다. 여전히 종자로 쓸 볍씨는 홀태로 훑는 게 좋다.

으나 종자 수확을 우선한다.

논 두둑가의 벼가 바람도 잘 통하고 햇빛도 잘 들어 다른 곳보다 충실하게 자라니 이를 종자로 쓰는 것이 좋다.

잘 자란 벼를 고르되 본 수확 보름 전 것을 해야 되니 이삭의 지경이 3

▲ 탈곡기. 탈곡기는 일제시대 때 들어왔다. 탈곡기만 해도 거의 기계나 마찬가지의 위력을 발휘한다. 여기에다 엔진만 달면 기계 탈곡기가 된다.

▲ 콤바인으로 수확하는 장면. 농촌이 고령화되고 있어 요즘은 콤바인으로 수확하는 경우가 많지만 이삭 손실이 많기 때문에 다시 낫으로 수확하는 경우도 늘고 있다.

▲ 풍성하게 달린 벼 이삭이 농부의 마음을 뿌듯하게 만든다.

▲ 산골 다락논의 수확철. 산의 물도 지켜주고 아름답게 산골을 수놓았던 다락논들이 하나둘씩 사라지고 있다.

▲ 낫으로 수확한 벼 나락들은 사진처럼 세워서 말린다. 비를 맞아도 금방 마른다.

▲ 햇볕에 말리고 있는 나락들. 풍성한 가을의 황금 들녘이다.

분의 1은 아직 푸릇푸릇한 게 좋다. 즉 한눈에 보아 베기에 조금 이르다 싶은 젊은 벼를 베는 것이다. 벤 것을 작은 단으로 묶어 그늘에 거꾸로 매달아 말린다. 매달아 놓으면 볏대에 남은 영양분이 벼알로 모아진다. 대략 1~2주일을 말리는데 다 마르고 난 것은 되도록 손으로 훑는 게 좋다. 양이 많거나 여의치 않으면 홀태나 탈곡기를 이용하되 탈곡기의 회전을 느리게 해 볍씨에 상처가 가지 않도록 주의해야 한다.

탈곡한 볍씨는 진한 소금물로 선별 작업을 한다. 이를 염수선鹽水選이라 하는데, 신선한 계란이 물 위에 누워 뜰 정도로 소금을 섞어 그 물에 볍씨를 가라 앉히는 작업이다. 비중계가 있으면 1.18~1.20 정도가 적당하다. 위에 뜬 볍씨는 물에 씻어 말려 찧어 먹고 밑에 가라앉은 볍씨는 물에 씻은 뒤 햇볕에 말린다. 이때 잊지 말 것은 품종명과 무게를 꼭 적어두는 일이다. 성묘로 키울 것은 3백 평당 3킬로그램, 중묘로 키울 것은 4~5킬로그램 정도의 양이 필요하다. 그러나 이 예정량보다 50퍼센트쯤 더 준비해두어 예상치 못한 일에 대비하는 것도 지혜로운 한 방법이다. 이렇게 유기농 벼종자 채취 방법을 쓰게 되면 벼가 잘 퇴화하지 않고 좋은 종자를 얻을 수 있다.


## 수확 후 본답 관리

화학비료에 의존해 재배해온 관행논 토양은 유기질 함량이 매우 낮다. 이런 논을 유기농 토양으로 만들기 위해 한꺼번에 많은 유기질 퇴비를 넣는 것은 좋은 방법이 아니다. 좋은 토양은 유기질뿐 아니라 그 속에 살아 있는 다양한 미생물과 벌레들이 어우러져 있어야 한다. 미생물과 벌레들이 유기질을 숙성시킨 것을 벼가 먹기 때문에 유기질만 잔뜩 주게 되면 과잉 피해를 볼 수 있다. 그래서 관행논 토양은 2~3년간 꾸준히 살린다 생각하고 실천해야 좋은 토양, 안전한 토양을 만들 수 있다.

그럼 어떻게 하면 좋은 논 토양을 만들 수 있을까? 본인이 오랫동안 실천하고 있는 방법을 소개해보도록 한다.

첫째, 생 볏짚을 최대한 활용한다.

콤바인으로 수확할 경우 생 볏짚은 당일이나 아니면 바로 다음날 논에 갈아엎는 게 좋다. 어느 정도 녹색 기가 남은 생 볏짚엔 영양분이 많기 때문이다. 이 생 볏짚을 무게로 치면 10아르(3백 평)당 1~1.5톤 정도 되기 때문에 이것이 부숙되어 퇴비가 되면 밑거름으로 적지 않은 효과를 낳게 된다. 그러나 갈아엎는 시기가 늦을수록 효과가 적다는 것을 명심해야 한다.

콤바인을 쓰지 않은 벼는 볏단으로 말려야 하기에 바로 갈아엎지 못하는 것이 아쉽지만 늦더라도 탈곡한 다음 바로 볏짚을 논바닥에 깔아 갈아엎도록 한다.

요즘은 관에서도 봄에 볏짚을 태우지 말고 되도록 논에 깔아 거름이 되도록 하라고 권장하지만, 농민들이 그냥 논바닥에 까는 바람에 모낼 때 거추장스럽기나 할 뿐만 아니라 오히려 늦게 부숙되어 물만 오염시킨다고 한다. 게다가 관행농 논은 볏짚을 부숙시킬 미생물이나 벌레들이 적어 제대로 효과를 보기 힘들다.

둘째, 생산된 부산물은 논에 모두 되돌려준다.

벼를 수확하고 도정하게 되면 왕겨, 쌀겨 등의 부산물이 나오게 되는데 이들을 되도록 모두 논에 돌려주도록 한다. 정미소나 미곡종합처리장에서 정미하게 되면 이를 구하는 것이 쉽지는 않은데 그래도 반드시 구해야 한다. 또한 일반 관행농의 것과 섞이지 않고 유기농으로 키운 내 것을 구해야 한다.

그중에도 수확 후 쌀겨를 10아르당 2백~3백 킬로그램 정도 넣고 로터리를 쳐주는데, 앞에서 말한 생 볏짚 갈아엎기를 같이 해주면 더욱 좋다. 이렇게 해주면 밑거름 효과를 내는 모든 거름은 완성된다.

셋째, 녹비자원을 활용한다.

대표적인 것으로는 자운영과 호밀 또는 보리다. 자운영은 콩과 식물로 뿌리혹박테리아가 있어 땅을 거름지게 해주는 대표적인 녹비식물이다. 자운영은 원래 우리 논에 항상 자리잡고 있던 야생초인데 제초제와 화학비료 농법에 의해 사라져버렸다. 그러다 다시 자운영의 거름 효과가 알려지면서 최근엔 전남북 지방을 중심으로 활발하게 다시 번져가고 있는 추세다.

밀이나 보리 같은 맥류나 자운영은 생육시기가 같아 이를 동시에 키울수는 없다. 즉 벼의 이어짓는 작물로 밀이나 보리를 하는 곳엔 자운영을 할 수 없는 것이다. 자운영은 중부 이북 지방에서는 월동하지 못하는 것으로 알려져 중부 이남 지역에서 활용하고 있지만, 중부에서도 월동하는 자운영이 발견되어 아마 전국적으로 퍼져갈 것으로 전망된다.

자운영은 벼 수확하기 전에 파종하거나 늦으면 볏짚을 갈아엎은 후에 파종해도 괜찮다. 양은 3백 평에 3킬로그램이면 적당하다. 자운영을 매년 새로 파종하지 않으려면 모를 약간 늦게 내면 된다. 즉 자운영 꽃이 지고 씨를 맺고 나서 로터리를 치면 가을에 새로 파종하지 않아도 되는데, 이때가 대략 6월 초순경이다. 모내기는 6월 하지까지도 가능하니 늦는다고 문제될 것은 없다. 물론 조생종이냐, 만생종이냐에 따라 조정은 되어야 할 것이다.

봄에 자운영을 갈아엎을 때는 한꺼번에 다 하지 말고 반반씩 하는 게 좋다. 잘못하면 거름 과잉이 될 수 있다.

▶ 자운영. 전형적인 논의 녹비작물이다. 제초제 때문에 우리 들녘에서 사라졌다가 요즘 다시 부활했다. 다만, 모내기가 빨라져 자운영이 씨를 맺기도 전에 갈아엎어 버리는 바람에 매년 다시 씨를 뿌려야 하는 현실이 아쉽다.

맥류 또한 녹비로 심었다면 꽃이 피었을 때 갈아엎어야 한다.

넷째, 광물질을 넣는다.

맥반석이나 제오라이트, 게르마늄 등 미량성분이 든 광물질 분말을 4~5년 주기로 10아르당 120~150킬로그램을 한 번씩 넣어준다.

다섯째, 숯을 넣는다.

숯은 VA균근균의 활성화와 미생물의 집 역할을 한다. 먼저 논에 30미터 간격으로 1미터 깊이로 삼각형 구덩이를 파고, 참숯 40킬로그램에 물 40리터를 부은 다음 흙으로 덮는다. 숯은 매년 논에 넣는 게 아니고 평생한 번만 넣으면 된다. 숯은 음이온을 발생시켜 벼에게 쾌적한 환경을 제공해준다.

여섯째, 겨울에는 논에 물을 담아 철새가 날아들게 한다.

일모작 논일 경우 겨울에 물을 가둘 수 있으면 일석이조의 효과를 얻을 수 있다. 본인의 경우 이렇게 물을 담아두면 청둥오리가 떼지어 날아와 똥을 싸주어 퇴비 효과를 높여주고 또 잡초 발생도 줄여준다.

이렇게 하면 논의 친환경적 기능도 더욱 높여주어 논농사의 보람을 느끼게 해준다.


## 육종

요즘은 점점 종자를 스스로 채종하는 농부가 줄고 있다. 종자 회사도 거의 외국자본으로 넘어가버려, 이러다가는 우리의 종자를 모두 잃어버리지 않을까 우려가 된다.

대부분의 밭 채소들은 거의 종자 회사의 씨앗을 사다 쓰는 형편이지만 그래도 벼만큼은 자가채종하는 경우가 많아 아직은 다행이다 싶다. 그러나 농사를 단순히 돈버는 직업으로만 생각할 게 아니라 생명을 가꾸고 이어가는 소중한 천직으로 생각한다면 종자를 더욱 좋은 것으로 육종시키는 것도 해볼 만한 일이다. 우리가 벼를 먹으며 그들에게 신세진 만큼 보답하기 위해서는 그들을 잘 번식시키고 좋은 종자로 후세를 이어가게 해야 할 것이다.

뿐만 아니라 종자를 육종하는 일은 벼농사를 더 보람 있게 만드는 일이

▶ 모본의 암술로 쓸 이삭을 위에서 3분의 1쯤 가위로 자르면 수술들이 대부분 잘려나간다.

▶ 이제 이삭엔 암술만 남아 있다.

▶ 수술로 쓸 이삭을 가져다가 암술 위에다 꽃가루를 흔들어 뿌린다.

▶ 꽃가루받이가 끝난 것은 봉투를 씌운다. 암컷 품종과 수컷 품종 이름을 정확히 기입하고 가루받이를 한 날짜도 기입한다.

며 나중에는 독자적인 종자를 개발하여 품질을 높이는 데 크게 기여할 것이다.

원래 하느님은 인간에게 완벽한 것을 주지 않는다 했다. 예컨대 벼가 맛이 좋으면 생명력이 약하고 생명력이 강하면 맛이 떨어지게 되어 있는 것이다. 그렇다면 나머지는 인간의 몫이다.

벼는 꽃 하나에 암술, 수술이 들어 있고 개화를 오전에 한 번 약 두 시간 동안만 하기 때문에 거의 타가수분이 되질 않는다. 그래서 벼는 자연적으로 잡종이 잘 나오질 않아 오히려 인위적으로 새로운 종자를 만들 수 있는 것이다.

육종할 때는 기본적으로 밥맛이 좋은 것을 모본母本으로 삼는다. 즉 밥맛 좋은 종자를 암컷으로 삼고 튼튼한 종자를 수컷으로 삼아 수정을 시키는 것이다.

이삭이 꽃을 피우는 시간은 대략 오전 10시부터인데 11시쯤 만개하니 그때부터 오후 1시 전까지 작업하는 것이 좋다. 수정시키기 전날 암컷으로 삼을 이삭을 먼저 가위로 반을 자른다. 그러면 위의 수술은 제거되고 밑의 암술만 남게 되는 것이다. 한 지경에서 이삭은 열 개만 남기고 나머지는 제거한다. 되도록 영양분이 한쪽으로 몰리게 하여 좋은 씨앗을 얻기 위해서다.

그리고 수컷으로 쓸 꽃핀 이삭을 잘라와 암술 이삭 위에다 살살 털어 꽃씨를 떨어뜨린다. 이렇게 해서 수정이 되면 그걸 다음해 씨앗으로 심어 매년 선별 작업을 한다. 그래서 빠르면 3~4년이면 어느 정도 맘에 드는 종자를 얻을 수 있는데, 원칙적으로는 한 번 육종에 10년 이상의 선별을 해야 완벽한 종자를 얻을 수 있다.

조생종과 만생종같이 이삭 피는 시기가 다른 것들을 교배할 때는 포기 중간을 동시에 잘라주면 이삭 올라오는 시기를 맞출 수 있다.

가위로 자르지 않는 방법으로는 열처리가 있다. 우선 모본으로 삼을 잘 큰 벼를 화분에 옮겨 심어놓고 벼 포기를 중간쯤 베어버리면 금방 이삭이 올라온다. 그리고 이삭이 팼을 때 꽃이 피기 5일 전 섭씨 43도의 물에다 7분간 벼 포기를 구부려 이삭을 담가두면 수술이 죽는다. 나머지는 앞에서와 동일하게 하면 된다.

농자재 만들기

# 고급유기질 퇴비 만들기

고급유기질 퇴비란 일반 퇴비와 달리 영양가가 매우 높고 다양하며 게다가 발효가 잘되어 미생물이 많은, 말 그대로 고급형 퇴비다. 그래서 밑거름으로 쓸 때는 일종의 첨가제처럼 일반 퇴비와 함께 쓰며 작물이 자란후에는 웃거름으로 쓰는데, 그 비료 효과는 화학비료에 못지않으며 또한 미생물이 많아 흙의 개량 효과도 아주 뛰어나다.

화학비료만큼 가볍고 부피가 작은 것은 아니지만 고농축이라 일반 퇴비에 비해 가볍고 부피도 적으므로 웃거름으로 쓰기에도 간편하다. 어떻게 보면 일반 퇴비와 화학비료의 중간쯤이라 이해하면 될 텐데 그래서 효과의 지속성도 지효성과 속효성의 중간쯤 된다.

액비에 비해서는 효과가 늦게 나타나는 지효성이지만 영양가나 미생물의 양 면에서는 월등히 뛰어나다. 물론 액비는 엽면시비가 가능한 데 반해 고급 퇴비는 그렇지 않다.

이 퇴비는 발효미생물이 아주 많아 어떤 면에서는 미생물제제라 할 만한데, 그래서 이를 밑거름보다는 첨가제로 넣어서 기존 퇴비를 더욱 활성화하고 땅의 산도를 낮춰주는 효과를 얻을 수 있다. 그래서 이를 흙에 넣어주면 미생물이 급속히 증식한다.


## 만드는 법

우선 제일 많이 들어가는 것은 쌀겨다. 쌀겨는 인산이 많이 들어 있어 인산거름이라고도 하는데, 그밖에도 다양한 무기질과 비타민도 많고 더불어 당질이 많은 재료다. 단백질도 많아 질소질 거름으로도 손색이 없을 뿐더러 복합영양제라 할만큼 영양이 풍부하다. 많은 당질은 발효를 촉진시켜주어 속성 발효 효과를 낸다.

다음으로 많이 들어가는 것은 깻묵이다. 들깻묵이든 참깻묵이든 기름 짜고 남은 깻묵은 대표적인 질소질 거름이다. 기름을 짜고 지방만 남은 것이므로 질소거름의 원료인 단백질이 풍부하게 남아 있다. 먹을 것이 귀할 때는 깻묵을 씹어 먹기도 했을 정도로 영양분이 풍부하다.

다음으로 들어갈 것은 계분인데 계분 대신에 생선액비 또는 동물 피도 좋다. 그리고 숯가루를 넣는다. 이것들은 대표적인 칼리(K) 거름으로 뿌리를 튼튼하게 해주고 칼슘도 많이 함유하고 있으며 다양한 무기질 미량 요소도 포함하고 있다.

이것들의 비율은 쌀겨 6, 깻묵 3, 계분 1, 숯가루 0.5로 준비한다. 그 다음 백초액(야채 효소)이나 그와 비슷한 잘 발효된 풀뜬물 원액을 1백 배로 희석한 물을 준비하고 앞의 것들과 섞는데, 수분은 30~40퍼센트로 맞추면 된다. 시멘트와 모래를 섞듯이 원재료를 잘 섞은 다음 한가운데 분화구 같은 구멍을 내고 발효액을 부어 섞으면 된다.

 잘 섞은 것은 배수가 잘 되게 북돋아준 땅 위에다 쌓는데, 바닥에 마른 풀이나 볏짚을 깔아주면 더욱 좋다. 이런 재료는 유익한 발효균을 포함하고 있을뿐더러 공기를 잘 통하게 해주는 역할도 한다. 쌓은 다음에는 비닐을 덮고 거적을 위에다 또 덮어준다. 바깥 온도가 추울 때는 두세 개의 페트병에 섭씨 40도의 뜨거운 물을 담아 군데군데 묻어두면 발효가 더 잘된다.

 덮어준 것은 이삼 일에 한 번씩 뒤집어준다. 그러기를 네댓 번 반복해

▲ 쌀겨 위에다 숯가루를 뿌린다.

▲ 깻묵 가루를 곱게 채로 친다.

▲ 발효액이나 효소물을 부어가며 삽으로 뒤섞는다.

주면 골고루 잘 뜬다. 발효가 잘된 것은 구수하면서 향이 난다. 냄새와 상태를 보고나서 발효가 끝난 것 같으면 응달에 옮겨 말린다. 아니면 숯가루를 적당량 섞어서 말리는 것도 좋다. 보관은 비닐포대에 담거나 고무 다라통에 담아 놓는다.


## 사용법

밑거름으로 쓸 때는 반드시 일반 밑거름으로 만들어둔 퇴비와 함께 섞어 써야 한다. 앞에서도 얘기했듯이 이는 거의 미생물제제나 다름없어 퇴비를 더욱 활성화시키는 목적의 첨가제처럼 생각해야 한다.

논의 경우 3백 평당 3백 킬로그램 정도로 주고, 밭에는 다비성多肥性 작물일 경우 3백 평당 5백 킬로그램을 준다.

웃거름일 때는 밑거름에 반 정도 준다 생각하면 된다. 웃거름으로 쓸 때는 비오기 전이나 비온 다음에 쓰는 게 좋다. 비오기 전이라면 흙과 섞어주어서 비에 쓸려가지 않도록 한다.

# 왕겨 훈탄과 왕겨 목초액 만들기

　원래 농사 잘 짓는 농부는 뿌리를 잘 키운다. 뿌리가 튼튼해야 줄기와 잎사귀 그리고 열매도 잘 열리는 법이다.

　그런데 요즘 농사는 뿌리보다는 줄기와 잎사귀를 키우는 데 더 역점을 둔다. 그러다 보니 태풍이 불면 금방 쓰러지고 만다. 아무래도 줄기와 잎사귀를 잘 키우면 광합성을 활발히 하고 그렇게 해서 만들어진 영양분이 열매로 잘 몰려, 단기적으로는 좋은 성과를 올릴 수 있다.

　그러나 이렇게 키워진 작물은 병충해에 약하다. 병충해는 작물의 건강이 나쁠 때 잘 걸리게 마련인데, 그 건강의 원천은 뿌리에서 나오게 되어 있다. 탄수화물과 단백질이라는 영양분은 광합성으로 만들어지지만 그밖의 모든 영양분은 뿌리를 통해 흙에서 얻는다. 식물은 탄수화물과 단백질만 먹고 살 수는 없다. 그건 대부분 번식을 위한 영양물질로 쓰이고 식물 자신이 사는 데 필요한 영양의 중요한 것들은 식물이 직접 만드는 것이 아니라, 흙을 통해 얻는 것이다.

　그래서 광합성을 하는 줄기와 잎사귀보다는 흙에서 다양한 영양분을 흡수하는 뿌리가 더 중요한 것이다.

뿌리가 튼튼하려면 흙이 건강해야 한다. 물이 오염되면 물고기가 살 수 없듯이 흙이 오염되면 뿌리가 살 수가 없다. 따라서 뿌리를 잘 키우는 농부는 흙을 잘 살린다.

흙을 제초제로 죽이고 화학비료로 숨통을 조인다면 뿌리를 잘 키우는 농부라 하기 힘들다. 줄기와 잎사귀는 잘 키울지는 몰라도 뿌리가 튼튼치 못해 작물이 병충해에 강할 수가 없다. 결국 살균, 살충제인 농약에 의존할 수밖에 없다.

그럼, 건강한 흙은 어떻기에 뿌리를 잘 키울 수 있는가?

살아 있는 흙은 떼알구조(단립구조)로 되어 있다. 떼알구조는 흙알갱이 홑알들이 모여 만들어진 좀더 큰 알갱이다. 그래서 떼알구조의 흙은 공극, 곧 틈새가 많다. 흙의 반은 이 틈새로 되어 있다고 할 정도다.

그 반인 틈새는 다시 공기와 물로 채워져 있다. 그래서 원래 흙이라는 고체와 물(액체)과 공기(기체)로 이뤄졌다 해서 '흙의 삼상三相'이라 한다. 공기와 물로 채워진 이 틈새는 흙의 훌륭한 저수지 역할을 한다. 물이 많을 때는 빼주고, 적을 때는 가둬두어 가뭄 피해를 막아준다. 또한 틈새의 벽은 다양한 영양물질들로 코팅되어 있어 곡식에게 먹을거리를 제공해준다. 또한 이 틈새는 곡식의 뿌리가 뻗는 중요한 공간이 되어준다.

그래서 "흙을 어떻게 살릴 것인가"라는 질문은, "흙을 어떻게 떼알구조로 만들 것인가"라는 질문과 같다.

떼알구조의 대표적인 예는 지렁이 똥이다. 지렁이는 엄청난 대식가로 모든 유기물을 다 먹어 고운 떼알구조의 흙을 내뱉는다. 지렁이가 살아 있는 흙의 지표종이 된 이유다.

다음으로는 흙 속의 유익한 미생물과 세균들이 활동하여 흙에 투입된 유기물을 썩히면서 만들어내는 곳도 떼알구조의 흙이다.

그렇다면 흙의 떼알구조를 어떻게 만들 것인가?


## 흙을 건강하게 해주는 숯가루


흙을 건강하게 해주는 방법에는 여러 가지가 있지만 여기에서 소개하고 싶은 것은 숯가루다. 숯가루는 우선 틈새가 매우 많은 구조를 갖고 있다. 숯 1그램의 표면적은 작게는 2백 평방미터에서 크게는 4백 평방미터까지 된다고 한다. 이런 엄청난 틈새 때문에 숯은 흡착력이 매우 높다. 그래서 숯가루는 다량의 가스와 습기를 빨아들인다. 또한 숯의 많은 틈새는 미생물의 훌륭한 서식처가 되어 유익 미생물을 늘려주고 더불어 미네랄 같은 미량요소가 곡식 생장에 도움을 준다. 특히 칼륨과 칼슘이 많아 뿌리 발육을 좋게 한다.

이런 숯가루를 흙에 넣어주면 흙은 금방 떼알구조로 바뀌어 살아 있는 흙이 된다. 말하자면 물리적으로 틈새가 많은 숯가루를 넣어주니 자연스럽게 흙도 틈새가 많아지게 된다. 또한 미생물이 좋아하는 환경이 조성되고 식물이 좋아하는 미네랄 같은 영양을 제공해준다. 그래서 옛날엔 구들을 청소해서 재가 많이 나오면 그해는 풍년이 든다고 했다.

다음으로 숯가루는 산성화된 흙을 중화시켜주는 역할을 한다. 석회를 뿌려주는 효과와 같다. 흙이 산성화되면 곡식이 중금속을 많이 흡수하고 거름이 잘 흡수되질 않는다.

우리 땅의 흙은 산성암인 화강암이 풍화되어 만들어져서 기본적으로 산성이다. 게다가 흙이 거칠어 물빠짐이 좋아 흙의 영양분이 쉽게 유실된다. 원래도 산성흙인데다가 더욱 산성으로 되어가는 것이다. 게다가 발효되지 않은 축분을 과잉 공급하는데다 화학비료다 농약이다 제초제다 해서 사람들까지 가세해 더욱 산성흙으로 만든다. 그나마 다행인 것은 우리나라에 석회암지대가 많아 석회비료가 그것을 막아준다. 석회는 칼슘비료이면서 산성흙을 중화시키는 데 아주 훌륭한 재료다.

숯가루는 석회처럼 마찬가지로 중화시키는 강력한 역할을 하지만 석회가 갖지 못한 수많은 틈새 때문에 흙을 더욱 좋게 만든다. 다만 숯가루는 만들기 힘들고 돈을 주고 사면 비싼 것이 흠이다. 이런 단점을 한번에 해결해주는 것이 바로 왕겨 숯가루다.

### 왕겨 숯가루와 목초액

앞에서 설명했듯이 왕겨는 벼알의 겉껍질을 말한다. 겉껍질을 벗기면 현미가 된다. 속껍질을 깎은 것이 쌀겨인데 백미가 나온다. 속껍질은 사실 껍질이 아니기 때문에 왕겨처럼 벗기는 게 아니라 현미를 먹기 부드럽게 하기 위해 깎는 것이다.

왕겨에 불을 붙이면 불길이 확 일어나지 않고 은근히 불씨만 붙은 채로 흰 연기만 내뿜는다. 옛날 가난했던 시절, 땔감 나무도 구하지 못하면 왕겨를 땠는데, 풍구로 바람을 불어주어야 겨우 구들을 달굴 수 있었다. 연탄을 사용하던 시절, 불을 꺼뜨렸을 때 피우던 번개탄의 주원료가 바로 왕겨로 만든 숯가루다.

왕겨는 불에 확 타지 않고 흰연기만 살살 피워 불씨만 있는 상태로 타기 때문에 숯가루도 많이 나온다. 같은 양의 숯가루를 참나무로 얻으려면 상당한 양의 나무가 필요할 것이다. 게다가 나무 숯은 따로 쇠절구 질이든 분쇄기든 도구를 써야 가루를 만들 수 있지만 왕겨 숯가루는 나올 때부터 가루로 만들어진다. 일부러 분쇄할 필요도 없을뿐더러 왕겨는 얼마든지 쉽게 구할 수 있는 재료다.

또한 왕겨가 더욱 요긴한 재료인 것은 부산물로 목초액이 많이 나온다는 사실이다. 천천히 타는데다 하얀 연기가 피어 양질의 목초액을 다량 얻을 수 있다.

목초액은 연기가 찬공기를 만나 액화된 물로 2백여 가지의 성분을 포함하고 있으나 그중 초산醋酸이 제일 많다. 다른 것들은 대부분 미량성분들이다. 목초木醋액의 이름도 그래서 나왔다.

목초액을 받으면 꼭 걸러서 써야 하는데, 제거해야 할 부분이 바로 타르다. 목초액을 받아 통에 담아놓으면 아래에 가라앉는 침전물이 타르인데, 그것뿐 아니라 윗부분에 뜨는 피막도 쓰지 않는 게 좋다. 가라앉는 침전물은 무거워서 중질유라 하고 위에 뜨는 것은 가벼워서 경질유라 하는데, 이것도 타르의 일종이다.

반면 왕겨를 태워 만든 목초액은 이 타르 부분이 적다. 나무를 태워 연기를 받을 때 되도록 흰 연기일 때 받아야 양질의 목초액이 나온다. 파란연기나 검은 연기는 타르를 많이 만든다. 그런데 왕겨는 은근히 타면서 하얀 연기만 내뿜기 때문에 좋은 목초액이 만들어지는 것이다. 타르와 피막을 제거한 목초액은 투명한 담갈색을 띠는데 왕겨 목초액은 별로 거를 것도 없이 거의 이 색이다.


## 왕겨 숯가루와 목초액 사용법

숯은 그 자체로도 훌륭한 칼리 거름이다. 칼리 거름은 곡식의 뿌리를 튼튼하게 해주는 필수 영양소다.

또한 숯은 약알칼리라 흙의 산도를 조절해주는 뛰어난 역할을 하며 숯에 포함된 다양한 미량성분과 미네랄이 흙을 더욱 좋게 만든다. 보통 산성화된 토양을 중화시키는 데 석회가루를 쓰지만 가능하다면 숯가루를 쓰는 게 더 좋다. 숯가루가 아니라 탄을 음이온 발생을 위해서 쓸 때는 30미터 간격으로 1미터 깊이의 구덩이를 파서 탄을 묻으면 좋다. 가루로 쓸 때는 1킬로그램으로 5평 정도 뿌려주면 되는데, 밑거름으로 쓰는 질소질 거름에 5분의 1 정도의 양이라고 생각하면 적당하다.

목초액 사용법은 적게 쓰면 영양제, 적당히 쓰면 살균·항충제, 많이 쓰면 제초제라고 생각하면 된다. 적게 주면 보통은 5백~1천 배로 물에 희석해서 쓰고, 살균·항충제로는 2백~3백 배, 제초제로는 원액에서 50배 정도로 준다.

까치나 산비둘기의 피해를 막을 때는, 콩이나 종자를 목초액 1백 배 희석액에다 30분에서 1시간 동안 담가두었다가 심는다. 목초액에서 나는 불냄새 때문에 새가 먹질 않는다. 목초액에 담갔으면 바로 심어야지 하루나 이틀 지나면 냄새가 달아나기 때문에 다시 담가야 한다.

제초제로 쓸 때는 모종을 심은 밭에 잡초씨가 밥풀떼기만큼 발아하면 현미식초와 1대1로 섞고 이를 다섯 배로 희석해 분무기로 발아한 잡초에 직접 뿌려준다. 작물에는 닿지 않도록 해야 한다. 그러면 풀이 금세 하얗게 타들어가는 걸 볼 수 있다.

모종을 키울 때, 앞의 숯가루와 목초액은 아주 요긴하다. 숯가루는 상토의 주 재료로 들어가며 목초액은 모종의 영양제 겸 살균, 항충제로 그 효과가 뛰어나다. 목초액은 치료제가 아니다. 벌레나 병이 이미 생겨버리면 치료하기 곤란하다. 그래서 숯가루로 상토를 청결하게 만들고, 목초액으로 미리미리 예방하는 것이다.

발아하기 전과 발아하고 속잎이 나오기 전까지는 목초액을 영양제로 주고, 속잎이 두세 개씩 나올 때부터는 살균, 항충제로 준다. 다시 말해 처음엔 5백~1천 배 희석해서 주다가, 나중엔 2백~3백 배로 희석해주면 되는 것이다.


## 왕겨 숯가루와 목초액 만드는 법

왕겨는 잘 타들어가지 않는 성질 때문에 한번 불을 붙이기가 쉽지 않다. 원리는 속에서부터 불씨를 지펴 타들어가게 하는 것이다.

먼저 아궁이용 깡통을 준비해 위로 연통 구멍을 뚫고 옆 사방으로 공기 구멍을 뚫는다. 이 공기 구멍은, 속으로 왕겨가 들어가지 못하도록 구멍 낸 것을 완전히 잘라내지 말고 마치 처마처럼 달아놓으면 왕겨를 수북이 쌓아도 처마에 걸려 속으로 들어가지 못한다. 구멍 주변에 있는 왕겨에 불을 지피는데, 사진처럼 볏짚을 이용하는 것도 좋지만 부탄가스를 이용한 토치램프로 지지는 게 제일 확실하다.

많이 지졌다 싶을 정도로 불을 가해야 왕겨에 불씨가 확실하게 붙는다. 그러나 오래된 왕겨는 많이 말라 있어 세게 지지면 불길이 확 붙을 우려가 있다. 왕겨의 상태를 보아가며 불을 조절하는 게 좋다. 그리고 왕겨를 수북이 쌓는데 한번에 다할 생각은 하지 말고 일단 반만 붓고 연기가 살아 있는 것을 확인한 다음 마저 붓는다.

목초액을 만들기 위한 연통은 꼭 주름관을 쓴다. 주름관은 표면적이 더

▶ 왕겨 훈탄 제조장치. 주름관을 중간쯤에 삼각대로 받쳐 세워둔다.

▶ 아궁이. 삼각형으로 잘라 처마처럼 만든 것이 핵심이다. 이렇게 해야 아궁이 속으로 왕겨가 밀려들어 가지 않고 솔솔 타들어간다.

▶ 아궁이에다 볏짚을 깔고 불을 붙인 다음 왕겨를 살살 붓는다. 불씨가 잘 살게 되면 아궁이 위로 왕겨를 수북하게 덮는다.

▶ 연기가 살살 일면서 물통에는 목초액이 한 방울씩 떨어진다.

넓어 연기의 액화를 촉진하기 쉽다. 연통은 아궁이용 깡통 위로 연결해서 역 유자형(∩)으로 꺾어서 끝을 밑으로 향하게 하고 물통을 받쳐둔다. 5 미터 되는 주름관이면 적당한데 중간에 삼각대를 받쳐두면 자연스럽게 역 유자형 모양이 된다.

연통 끝을 땅을 향하게 해도 연기가 빠져 나오는 데 전혀 지장이 없다. 오히려 주름관에 연기가 오래 머물러 그만큼 액화가 많이 되기 때문에 목초액이 더 많이 나온다.

목초액을 더 많이 만드는 장치는, 드럼통을 이용하는 것이다. 드럼통 안에다 아궁이 깡통을 넣고 연통을 밖으로 연결해서 나머지는 똑같이 설치한다. 드럼통을 이용하면 아궁이 속 연기만이 아니라 밖으로 새나가는 연기까지 잡을 수 있어 목초를 더 많이 받을 수 있다.

# 상토 만들기

## 모종 키우기(육묘育苗)

모종 키우기는 농사에서 아주 중요한 농법 중에 하나다. 상토란 모종을 키우는 양질의 흙을 말하는 것으로 상토 만들기는 모종 키우기에 가장 기본적인 작업이다.

먼저 모종을 키우는 이유와 목적을 간단히 살펴보자.

첫째는 씨앗의 발아율을 높이고 초기생육을 활성화하는 데 있다. 모든 식물은 초기엔 밀식해야 잘 자란다. 서로 경쟁도 하고 의지도 하면서 자란다. 크면 부대끼어 솎아주어야 한다. 모종 키우기는 적은 면적에 씨앗을 밀식하여 키우므로 집중적으로 관리할 수 있어 작물을 건강하게 키울 수 있는 게 가장 큰 장점이다.

둘째는 온실을 만들어 모종을 키우면 서리 피해나 비 피해를 막을 수 있다. 특히 고추 같은 열대성 작물은 아직도 한겨울인 2월 말경 파종해야 하므로 반드시 온실에서 모종을 키운다. 옛날엔 영하 날씨가 완전히 가신

3월 말이나 4월 초에 직파를 했다. 온실에서 모종을 내면 한 달이나 생육 기간을 늘릴 수 있어 그만큼 수확량이 많아진다.

또 모종을 내면 땅의 이용도를 높일 수 있는 장점이 있다. 온실에서 모종을 키우는 동안 본밭에선 다른 곡식의 재배기간을 늘릴 수 있기 때문이다. 벼 모를 키우는 동안 논에는 논마늘이 익어가고 딸기도 아직 자리를 차지하고 있다.

가을배추 같은 경우는 파종하여 싹이 텄을 때 비를 맞으면 떡잎이 망가진다. 구멍도 나기도 하고 또 요즘은 산성비라 병에 걸리기도 쉽고 벌레도 잘 달려든다.

셋째는 제초를 위해서인데, 모종을 키워 많이 자란 놈을 심어 풀보다 경쟁력을 높인다. 말하자면 풀과 달리기에서 백 미터 앞서 달려가게 하는 셈이다.

넷째는 벌레나 새 피해를 예방하기 위해서다. 콩이나 옥수수같이 씨앗 알이 커서 새가 파먹기 좋은 것들은 새 피해가 아주 크다. 특히 요즘은 제비도 오지 않고 맹금류 등의 천적들이 별로 없어 벌레와 새 피해가 많아졌다. 옛날엔 벌레와 새도 같이 먹게 곡식 세 알을 심는다 했는데 요즘은 세 알 심으면 사람이 먹을 게 하나도 남지 않는다. 그래서 모종을 키워 심으면 이런 피해도 막을 뿐 아니라 수확량도 많아진다.

그러나 모종이 안 되는 곡식이 있다는 걸 명심해야 한다. 예를 들면 알타리, 열무, 무가 대표적이다.

어쨌든 모종 키우기의 제일 큰 핵심은 발아율도 높이면서 곡식을 어릴 때부터 건강하게 키운다는 점이다. 상토의 중요성이 바로 여기에서 비롯된다.

상토가 깨끗하고 영양도 좋아야 모종이 건강하게 클 수 있다. 어릴 때 시들시들 큰놈들이 건강하게 자랄 수가 없는 이치다.


## 상토 만들기

그래서 상토는 깨끗한 걸 제일 중요한 가치로 생각하는데 무균, 무씨가 핵심이다. 무균은 병원균이나 바이러스가 없는 것, 무씨는 잡초 씨앗이 없는 것을 말한다. 시중에서 파는 상토는 이 때문에 소독처리를 한다. 옛날엔 불로 볶기도 했다고 한다.

그러나 유익미생물도 죽인다는 게 파는 상토의 문제점이다. 빈대 때문에 초가삼간 태우는 격이라 하면 과장이겠지만 어쨌든 나쁜 병원균 없애자고 좋은 유익균도 없애버리니 문제는 문제인 것 같다.

이렇게 위생 상태가 좋은 흙으로는 산 흙이 대표적이다. 들녘의 흙보다는 아무래도 산의 흙이 덜 오염되었고 게다가 풀씨도 덜하기 때문이다. 물론 표토의 부엽토는 걷어내고 속의 흙을 써야 한다.

다음으로는 통기성과 배수성이 좋아야 한다. 모종 키우는 데 가장 역점을 두어야 할 것은 건강한 뿌리 만들기에 있다. 뭐든지 뿌리가 튼튼해야 전체가 튼튼

▶ 왕겨 훈탄을 섞어 만든 상토.

하듯이, 그래서 작게 낳아 크게 키우라는 말처럼 모종 때는 잎사귀와 줄기는 작고 초라하게 그러나 보이지 않는 뿌리는 튼튼하게 키워야 한다. 그 가운데 특히 잔뿌리가 많아야 좋다. 농약과 비료로 키운 시중의 모종들은 대부분 웃자라 튼튼치 못하다. 웃자랐다는 것은 줄기의 마디가 잎줄기보다 긴 상태를 말한다. 그래서 옆으로 풍성하게 퍼지지 않고 길쭉하게 위로만 뻗는다. 이런 약한 모종들은 뿌리를 보면 더 차이가 난다. 잔뿌리가 많지 않고 지상부에 비해 아주 빈약해 보인다.

여하튼 뿌리가 잘 자라려면 흙이 공기도 잘 통하고 물도 잘 빠져야 한다. 그러나 뿌리를 공기 중에 노출시킨다고 호흡을 잘할 수 있는 것은 아니다. 물고기가 물에서 숨쉬듯 뿌리도 흙 속에서 숨쉰다. 그런 흙에 적당히 공극이 있어 뿌리도 잘 뻗고 공기도 잘 통해 숨을 제대로 쉴 수 있게 해야 하는 것이다.

물도 마찬가지다. 모종 상태에서는 많은 물이 필요하다. 그렇다고 뿌리를 물에 담가둘 수는 없는 노릇이다. 물이 잘 빠지지 않고 흙 속에 항상 스며 있는 것도 좋은 상태는 아니다. 고이면 썩기 때문에 깨끗한 물이 계속 공급되어야 한다.

적당히 배수도 되면서 너무 금세 물이 마르지 않도록 균형을 맞출 수 있어야 한다. 적당한 배수성을 만들어주는 재료의 대표적인 것은 모래다. 이밖에도 마사토도 좋고 미네랄 같은 미량요소도 공급해주는 맥반석 가루도 좋다.

마지막으로 상토에서 중요한 것은 거름이다. 그런데 거름은 완전히 숙성된 것이어야 한다. 이것은 반드시 지켜야 할 원칙이다. 자신 없으면 차라리 거름을 넣지 않는 게 좋다. 거름을 넣지 않은 무비상토라는 것도 있다. 물을 줄 때 함께 액비로 웃거름을 주어도 되기 때문이다.

모든 씨앗은 스스로 떡잎을 틔울 만큼의 양분은 갖고 태어난다. 속잎이 나오기 시작할 때부터 이유기에 들어가는데 그때부터 거름이 본격적으로 필요한 것이다. 따라서 완숙되지 않은 거름이 들어가면 가스를 발생시켜 그냥 놔두어도 알아서 틔울 수 있는 떡잎조차 말라 죽이게 된다.

상토에서 모종을 키울 때 꼭 필요한 거름은 뿌리의 발육을 좋게 하는 칼리 거름이다. 보통 거름이라고 하면 질소질을 말하는데 무비상토라 하더라도 칼리 거름은 꼭 넣는 게 좋다. 칼리 거름으로 대표적인 것은 숯가루와 재거름이다. 재거름에 칼리 성분이 더 많지만 숯가루도 괜찮다. 숯가루는 거름 역할만이 아니라 항균방충 역할도 하고 더불어 숯가루 자체가 많은 공극을 갖고 있어 상토의 통기성도 높여준다.

상토를 이처럼 정성스럽게 만들수록 좋지만 구태여 이렇게까지 하지 않고 보통의 밭 흙으로 간단하게 모판을 만들어 심어도 잘 자라는 곡식들도 있다. 예를 들면 콩이나 옥수수, 들깨 같은 것은 배수만 적당히 잘 되게 모판을 만들고 비가림이나 새 피해만 막아주고 물을 자주 줄 수 있으면 충분하다.

그러니까 상토는 곡식에 따라, 환경에 따라 얼마든지 달라질 수 있다는 것을 염두에 둘 필요가 있다.

앞의 재료들을 어떤 비율로 할 것인가도 당연히 곡식 종류와 지역, 농사짓는 방식에 따라 달라지게 된다. 예컨대, 모랫기가 적당히 있는 사질 양토일 경우 모래를 적게 넣는데, 비율로 치면 4대1 정도다. 진흙은 표토를 10센티미터 이상 걷어내어 채취하고 모래는 도랑에 침전된 것을 쓴다. 산이 주변에 없으면 밭의 흙을 쓰는데 이때는 표토를 30센티미터 이상 걷어내어 채취하는 게 좋다.

숯가루는 왕겨를 태워 만든 이른바 왕겨 숯가루를 이용하는데 모래와 같은 비율로 섞는다.

거름은 진흙과 모래, 숯가루를 섞은 것 전체로 볼 때 대략 10~20퍼센트 정도 넣어준다. 반드시 완숙된 거름으로 한다. 거름 중에는 음식물찌꺼기나 축분을 되도록 피한다. 아무래도 위험성이 있기 때문이다. 일 년 가까이 된 깻묵과 쌀겨로 만든 거름을 쓰든가 마찬가지로 오래된 깻묵액비를 쓴다. 지렁이 똥인 분변토도 매우 좋다. 분변토는 악취도 없고 과잉 피해도 없는데다 거름발도 좋아 적극적으로 시도해볼 만한 재료이다.


## 모판 만들기


모판이란 상토로 만든 판판한 밭을 말한다. 상토의 床(상)자도 판판하다는 뜻이고 모판의 板(판)자도 같은 뜻이다. 밭작물은 배수가 잘 되게끔 만들고 논벼는 보수가 잘 되게끔 만든다.

요즘 육묘는 컵(포트)에다 키우는 게 일반적이지만 사실 몇 가지만 빼고는 모판에다 키워야 더 건강하게 육묘를 할 수 있다. 컵에다 키우면 아무래도 막힌 공간 안에서 커야 하므로 뿌리가 스트레스를 받을 수 있는데 반해 모판에 키우면 그런 문제가 덜하다. 반면에 모판에 키우면 모를 옮겨심기 위해 모종삽으로 뜰 때 뿌리가 다치는 문제가 있다.

따라서 뿌리가 조금이라도 다치면 충격을 받아 약하게 자라는 배추 같은 경우는 컵에다 키우는 게 좋고, 뿌리에 약간의 충격이 가해지면 더 건강하게 자라는 벼나 고추, 콩, 들깨 등은 모판에다 키우는 게 좋다. 그럼에도 요즘 대부분 컵에다 키우는 이유는 운반하기가 편하기 때문이다. 특히 파는 물건들은 더 그럴 필요가 있다.

　모판 만들기에서 좀더 신경을 써야 할 것은 고추 모판과 고구마 모판, 그리고 논의 벼 모판이다. 고추와 고구마는 아직 추운 2월 말이나 3월 초에 심어야 하기 때문에 보온 대책이 최고 큰 관건이고 벼 모판은 물을 잘 가두는 일이 가장 큰 일이다.

　벼 모판은 본답인 논의 한 귀퉁이에 만드는데, 관리하기 쉽고 물대기 좋은 위치에 자리를 잡는다. 벼 모판은 다른 무엇보다도 평탄작업이 가장 중요하다. 물을 고르게 대주어야 하기 때문이다. 넓은 판자로 꾹꾹 눌러가며 수평을 잡는다. 그 다음 상토를 넣어 파종한 육묘상자를 차곡차곡 순서대로 모판에 깔아놓고 숨쉬는 부직포를 덮어놓으면 된다.

　또한 벼 모판은 물 대는 게 관건인데, 물 대기에 아주 좋은 방법으로는 이른바 풀장 만들기로 넓은 비닐을 모판에 깔고 둘레에 둑을 만들어 물을 가두는, 이른바 풀pool 육묘법이다(앞의 65쪽 참조). 이는 물 대기에는 좋지만 육묘상자에 넣는 상토에 좀더 많은 거름을 넣어야 하는 단점이 있다. 모판이 흙이 아니라 비닐이기 때문이다. 거름은 당연히 다른 무엇보다도 완벽하게 완숙된 퇴비를 넣어주어야 한다.

# 다양한 생태 제초법

# 쌀겨농법

쌀겨는 많은 영양을 갖고 있어 그 자체가 아주 훌륭한 농자재다. 쌀겨에는 비료 3요소인 질소, 인산, 칼리가 풍부하게 들어 있을 뿐 아니라 각종 미량성분을 함유하고 있어 벼에게 좋은 영양을 공급해주며 아울러 미생물의 활동을 활발하게 해준다.

그러나 쌀겨를 벼농사에 적극 활용하고자 하는 것은 무엇보다도 제초를 하기 위해서다. 쌀겨가 제초 효과를 발휘하는 것은 먼저, 논 표면에 뿌려주어 햇빛을 차단함으로써 발아를 억제하며, 두 번째는 쌀겨의 지방성분이 물 표면에서 분해되면서 물속과 토양 표면의 산소를 흡수하여 잡초의 발아를 억제하고, 마지막으로는 쌀겨의 다양한 영양분으로 활발하게 움직이는 미생물이 발아 억제 물질을 만들어 제초 효과를 배가시켜준다.

쌀겨의 제초 효과는 특히 넓은 잎 잡초에 대해서 뚜렷하게 나타나는 반면, 벼농사에서 제일 골치아픈 피와 같은 외떡잎 잡초에는 효과가 덜 한 것으로 알려져 있다. 따라서 모내기 전에 경운을 하여 발아된 잡초를 사전에 충분히 제거하기도 해야 하지만, 피는 물을 5센티미터 이상 깊게 대면 발아를 억제할 수 있으므로 심수관리에 더 신경을 써야 한다.

## 쌀겨의 주성분

쌀겨에는 질소 2.2퍼센트, 인산 3.8퍼센트, 칼리 1.4퍼센트와 그외 마그네슘이 많이 함유되어 있으며 그중 인산은 피틴phytin 형태로 존재한다. 여기에서 피틴은 중금속을 분해하고 농약과 화학약품 등 독성물질을 중화하는 데 뛰어난 효력을 발휘한다고 알려져 있다. 쌀겨는 질소도 많이 함유하고 있지만 특히 인산이 많아 인산거름 만들 때 유용하게 쓰인다.

**쌀겨의 주성분**

| T-N | P₂O₅ | K₂O | MgO | CaO | Na₂O | C/N | 회분 | 유분 |
|---------|------|------|------|------|------|------|------|------|
| 2.18(%) | 3.78 | 1.43 | 2.34 | 0.13 | 0.02 | 23.3 | 12.5 | 18.7 |

위의 표에서도 알 수 있듯이 쌀겨는 섬유질이 많아 탄소질 대 질소질의 비율, 곧 탄질비가 높아서 분해가 좀 느린 편이다.

또한 쌀겨에는 당분이 많아 미생물이 번식하기 좋은 조건을 갖추고 있으며 이밖에도 비타민과 미네랄 그리고 철분 등 미량요소가 매우 풍부해 복합 영양제로서 손색이 없다.

## 쌀겨의 제초 효과와 시비량

보통 벼에게 가장 큰 피해를 주는 피는 물만 깊게 담으면 발아를 억제할 수 있다. 이른바 심수관리인데, 최소한 5센티미터 이상 담아주어야 한다. 피는 쌀겨 외의 다른 어떤 방법으로도 잡기가 힘든 풀이다. 우렁이로 제초를 해도 피는 잡기가 힘들다. 피는 벼에 달라붙어 같이 올라오기 때문이다. 오리를 활용해도 마찬가지다. 오리의 제초 효과는 오리가 논에서 헤엄쳐 다니며 생기는 탁수 효과로 얻을 수 있는, 말하자면 간접적인 효과라 더더욱 피의 해결을 기대하기는 힘들다.

앞에서도 지적했듯이 쌀겨로는 물달개비 같은 넓은 잎 잡초를 잡는 데는 효과가 뛰어나지만 피 같은 외떡잎 풀은 그리 효과가 뛰어난 편이 아니다.

다음 장에서 우렁이와 오리농법을 소개할 때에도 말하겠지만, 심수관리는 무조건 기본적인 농법이라 생각해야 한다. 꼭 제초를 위해서만이 아니라 벼의 건강한 생육을 위해서도 아주 기본적인 방법인 것이다. 쌀겨농법을 쓰기 위해서도 심수관리를 꼭 해야 하는데, 그렇지 않고 천수로 물을 얕게 대고 쌀겨를 뿌려주면 오히려 역효과를 낼 수 있다. 쌀겨가 흙에 닿아 발효가 촉진되면서 부글부글 끓어 벼에게 치명적인 피해를 줄 수 있다. 가스 피해도 줄 수 있고 모 자체를 삭혀버릴 수도 있다.

그래서 쌀겨를 주기 전에 반드시 심수관리를 해야 한다는 것을 잊지 말아야 하며, 그와 더불어 쌀겨의 시비 방법과 시기, 적당 시비량을 꼭 지켜야 한다.

우선, 시비 방법으로는 물 따라 들어가도록 물의 입수구에서 뿌려주라는 것도 있지만 이보다는 논 전체에 골고루 뿌려주는 게 더 좋다. 입수구에 뿌려주면 아무래도 입구 주변에는 많이 뿌려지고 먼 곳에는 덜 뿌려지는 결과가 나오기도 한다.

논이 넓을 경우에는 비료 살포기로 뿌려주면 된다. 살포기로 뿌리려면 쌀겨를 펠리트pellet로 만들어야 한다. 따라서 살포기뿐 아니라 펠리트로 만드는 기계까지 갖춰야 하는 부담이 문제이기는 하다.

그 다음 적당한 시기로는 모내고 난 후 3~5일 안에 뿌려주라는 것이다. 피 같은 경우 모내고 난 후 일주일이면 발아를 시작하기 때문에 이 시기를 놓쳐서는 아주 곤란하다. 물론 쌀겨만 갖고는 피를 완벽히 잡을 수는 없지만, 이미 심수로 물을 담았기에 좀더 효과를 기대해볼 수 있다.

적당한 시비량은 10아르(3백 평)당 1백 킬로그램이 좋은데 그 이상 주려면 두 번 이상으로 분할해서 주는 게 좋다.

쌀겨를 뿌릴 때 주의할 점은 반드시 이슬이 마른 후에 살포하라를 것이다. 이슬이 마르지 않은 상태에서 주면 쌀겨의 기름 성분으로 벼잎이 말릴 우려가 있다.

또 주의할 점은 쌀겨가 잘못하면 활착하지 못한 뿌리를 다치게 할 수 있기 때문에 반드시 모내고 바로 모가 활착할 수 있도록 해야 한다. 앞에서 지적했지만 활착을 모내고 3일 안에 하게끔 해야 하므로 3~5일 안에 쌀겨를 뿌린다면 별 문제는 없을 것이다.

▶ 논의 대표적인 잡초 물달개비. 피는 물을 5센티미터 이상 담으면 발아를 막을 수 있는데 물달개비는 8센티미터 이상 물을 담고 쌀겨까지 뿌려주어야 발아를 억제할 수 있다.

◀ 쌀겨를 뿌릴 때는 좀 귀찮더라도 이렇게 논 안으로 들어가 손으로 직접 뿌려야 골고루 깔 수가 있다. 요즘은 펠리트로 만들어 비료 살포기로 뿌리기도 한다.

▲ 골고루 뿌려진 모습인데, 흑백사진이라 잘 식별되지 않는다.

## 쌀겨농법의 여러 효과

쌀겨를 논에 뿌려주면 미생물이 쌀겨의 영양분을 먹고 빠르게 증식하면서 벼나 식물에 영양분을 공급하므로 벼의 생육에 영향을 미치지 않을 수 없다.

쌀겨가 벼의 생육에 도움이 되게끔 하려면 모내기 전에 땅에다 준 것보다는 모내기 5일 후 수면에 뿌려준 것이 벼의 생육에 더 좋다. 그러나 쌀겨를 대량으로 살포하면 많은 가스가 발생해 피해를 입을 수 있으므로 대략 두 번에 걸쳐 나눠 뿌리는 것도 좋은 방법이다.

또 쌀겨에는 탄소질이 많아, 처음엔 거름 효과가 금세 나타나지 않지만 시간이 지날수록 그 효과가 지속된다.

그러나 쌀겨를 줌으로써 나쁜 효과도 있다. 쌀겨의 다양한 영양분을 유익미생물만 이용하는 것이 아니라 병원균도 이를 이용해서 증식하기 때문에 병을 더 많이 발생시킬 수 있다. 그래서 벼에 잘 생기는 도열병이나 잎집무늬마름병 등이 전년도에 많이 발생한 논에서는 쌀겨농법을 쓰는 것을 신중하게 판단해야 한다.

이밖에도 쌀겨를 뿌렸을 때 생기는 효과로는 보온 효과가 있다. 수면에 뿌려진 쌀겨가 햇빛을 차단해 고온일 때는 온도를 떨어뜨리는 역할을 하고 저온일 때는 온도를 보호해주는 것이다.

아직 본격적인 여름이 오기 전인 저온일 때 쌀겨를 뿌려주면 물 온도는 별 차이는 없으나 땅속의 온도는 약간 상승하고, 한여름의 고온일 때는 수온과 지온이 모두 낮아지는 것으로 나타났다. 모내고 난 초기에 물 온도를 높여주면 모가 활착도 잘하고 분얼도 잘하므로 쌀겨를 뿌려줌으로

써 보온 효과를 얻는다면 이는 벼에게 매우 좋은 조건이 된다. 그러나 날씨가 더울 때는 이미 벼가 거의 다 자랐기 때문에 벼 스스로 보온도 하고 뜨거운 대기의 열기를 차단할 능력도 있어 굳이 쌀겨의 효과를 기대할 필요는 없다. 그러니까 모내고 난 직후인 벼의 생육 초기에 쌀겨를 뿌려주면 보온 효과를 톡톡히 볼 수 있는 것이다.

마지막으로 쌀겨를 이용했을 때 얻을 수 있는 효과로는 수확량이다. 쌀겨 자체가 고급 거름이기도 하거니와 벼에게 좋은 여러 효과들을 가져다주기 때문에 수확량을 높여주는 데에도 많은 기여를 한다. 그런데 쌀겨를 주는 시점이 언제일 때 수확량을 높여주는가 시험을 했더니 모내기 전에 땅에다 직접 준 것보다는 모내고 난 5일 후에 주었을 때 증수 효과가 더 많이 나타나는 것으로 드러났다. 그리고 쌀겨를 주고 나서 덧붙여 질소질로 이삭거름을 주었을 때 증수 효과가 더 많은 것으로 나타났다.

# 오리농법

오리농법은 오리를 인위적으로 훈련시켜 벼농사에 활용하는 것이 아니라 오리가 갖고 있는 자연적 속성을 이용하여 벼와 공생관계를 맺어줌으로써 일석이조의 효과를 내고자 하는 것이다.

오리를 벼농사에 이용하면 제일 크게 얻을 수 있는 효과는 제초와 병해충 방제다. 오리가 잡초를 먹기도 할뿐더러 잡초씨의 발아를 막으며 벼에 달라붙어 있는 벌레들까지 잡아먹는다. 그 다음으로 얻을 수 있는 효과는 거름이 절로 만들어진다는 것이다. 오리가 논에서 먹고 활동하며 똥을 싸기 때문이다. 이를 잘만 활용하면 외부에서 따로 퇴비를 넣어주지 않고도 농사를 지을 수 있는 순환 자급형 농사가 가능하다. 또한 오리가 논에서 이리저리 돌아다니며 활동을 하게 되면 벼에 자극을 주어 벼의 생명력이 강해지고, 벼 사이사이를 오가기 때문에 통풍이 좋아져 병해충 발생을 억제해주는 효과가 있다.

## 오리농법 성공의 관건

그러나 오리가 알아서 절로 농사를 지어줄 것이라 생각하면 오리농법
은 실패하기 십상이다. 중요한 것은 오리의 자연적인 습성이 잘 발휘될
수 있도록 환경을 제대로 만들어주는 데 있다. 오리뿐 아니라 벼도 마찬
가지로 벼 자체의 생명력이 최대한 발휘되도록 키워주어야 한다. 그리고
앞글에서 소개한 벼의 속성과 벼를 건강하게 키우는 법과도 오리농법은
일관성이 있어야 한다.

우선 오리농법 성공의 제일 우선 조건은 튼튼한 성묘 만들기다. 이는
오리농법이 아니어도 꼭 지켜야 할 원칙임은 두말할 나위도 없다. 25~
30일 키우는 관행모와 다르게 35~45일 키워 모가 20센티미터 되게 해야
한다. 오리가 논에서 제대로 활동을 하려면 물을 깊게 대주어야 한다. 적
어도 7~10센티미터는 물을 담아주어야 하는데 그러려면 당연히 모가 물
에 잠기지 않도록 커야 하는 것이다. 물을 얕게 담으면 오리가 제대로 활
동을 못 해 풀이 올라오게 된다.

다음으로는 오리를 조기에 투입하는 일이다. 보통은 모낸 후 15~20일
지나 오리를 투입하지만 이때가 되면 피가 올라오기 시작한다. 오리는 피
를 먹지 않기 때문에 이미 피가 올라오면 사람이 직접 매주어야 한다. 특
히 벼에 붙어서 함께 자라는 피는 오리가 도저히 해결할 수가 없다. 오리
가 아직 어리더라도 모낸 후 7~10일 안에 오리를 투입하여 피를 제압하
여야 한다. 오리가 일찍 논에 들어가 활동을 하면 피씨가 수면으로 뜨게
되고 그걸 오리가 먹음으로써 피를 제압하는 것이다. 물론 심수로 관리를
하면 어느 정도 피씨의 발아를 막을 수 있기는 하다. 오리가 그 나머지를

해결함으로써 피를 거의 완벽하게 제압할 수 있게 해주는 것이다.

오리를 조기에 투입하기 위해선 어린 새끼를 튼튼하게 키워야 하는데 이것이 오리농법 성공의 세 번째 관건이다. 새끼 오리를 튼튼하게 키우는 것은 새끼의 공기와 물 적응력을 빨리 키우는 것과 같다. 새끼 오리가 갓 부화하면 온도를 맞춰주기 위해 보온을 하는데 중요한 것은 배꼽이 제대로 마르는 데 있다. 보통 부화한 지 3일 후면 마르고 5일 후면 안심해도 된다. 대개 전구로 보온을 해주는데, 낮에는 꺼서 낮 공기에 적응할 수 있도록 하여 공기 적응력을 키워준다. 물 적응 훈련은 하루 이틀 정도 물에 넣다 뺐다 해주면 그것으로 족하다.

## 오리농법의 준비

### 튼튼한 성묘 기르기

튼튼한 성묘 기르기는 방금 앞에서도 말했지만 오리농법이든, 우렁이 농법이든, 쌀겨농법이든, 심수농법이든 공통적인 원칙이라 보면 된다. 물을 깊게 대어 벼가 물에 잠기지 않고 또 오리에 짓밟히지 않도록 하기 위해서다. 또한 그냥 길쭉한 것만이 아니라 튼튼해야 한다. 길쭉하기만 하고 힘이 없으면 오리의 활동으로 쉽게 쓰러지고 만다.

길이로는 20센티미터 정도가 적당한데, 이를 강하게 키우려면 파종을 드물게 해야 한다. 배게 심으면 웃자라기만 할 뿐 힘이 없다. 육묘상자 판수를 관행농에선 3백 평당 20~25개 하던 것을 오리농법으로 하려면 25~30개로 늘려야 한다. 파종량을 동일하게 하니 드물게 심게 된다. 3백 평당 2킬로그램 파종하고 육묘상자 한 개당 40~60그램이 적당하다.

모낸 후 7일경에 오리를 넣는다 생각하고 그에 맞춰 못자리를 준비해야 한다.

모를 낼 때는 평당 70주 미만으로 드물게 심어야 오리가 활동하기 좋다. 기존 이앙기들은 88주가 되도록 맞춰져 있는데, 수리센터에 가서 부탁하면 숫자 조절이 가능하다. 모 간격도 12센티미터 정도가 관행이었지만 여기에선 15~20센티미터로 한다. 지력이 좋은 것 같으면 20센티미터, 그렇지 않은 것 같으면 15센티미터로 해서 심는다.

모 한 포기당 주수는 3~4개가 좋다. 오리농법이 아니면 1개까지도 괜찮으나 아무래도 오리가 활동하면 벼를 건드려 쓰러뜨릴 우려가 있으므로 수를 조금 늘리는 게 좋다.

### 새끼 오리 기르기

오리가 논에서 제초 작업을 하려면 체구가 작으면서도 활동력이 좋아야 하는데, 그러려면 집오리와 야생 청둥오리 교잡종인 청둥오리 1대 잡종이 좋다. 마리수는 3백 평당 30마리를 기준으로 하고, 죽는 오리들도 있기 때문에 약 10퍼센트 정도 더 늘려 잡는다.

새끼 오리를 구하면 바로 설탕물에 효소를 타서 부리에 한 모금씩 찍어 먹여주면 생육에 효과가 좋다.

소규모로 할 때는 육추된 오리를 구입해 활용하는 것이 좋고, 대규모로 여러 농가가 함께 할 때는 인근 농가와 공동 육추를 활용하는 것이 유리하다. 오리는 믿을 만한 곳에 미리 계약 주문하여 오리 방사 시기를 맞출 수 있도록 해야 한다. 잘못해 방사 시기를 놓치면 그해 농사를 망칠 우려가 있으므로 이는 꼭 주의해야 한다.

　새끼 오리는 보온 관리를 잘 해주어야 건강하게 자란다. 육추장 바닥에는 왕겨와 톱밥을 깔아 보온을 하고 전등으로 3, 4일간은 25～30도를 유지해주고 낮에는 등을 꺼주어 낮공기에 적응할 수 있도록 한다.

　물에 적응시키기 훈련은 날씨가 좋은 날 낮에 물놀이를 할 수 있게 해주면 된다.

　다음으로 새끼 오리 때에는 먹이는 제대로 주는 것이 중요하다. 먹이를 많이 주면 살이 쪄서 모를 쓰러뜨리거나 활동이 둔해진다. 되도록 항상 모자라게 주어서 몸이 비대해지지 않도록 하고, 저녁은 많이 주어도 아침에 적게 주어 낮 동안의 식욕이 왕성하도록 유도해야 한다. 먹이는 1일 3회 주지만 논에 넣기 7일 전부터는 먹이 양을 반으로 줄여 식욕을 당기게 해야 논에서 풀을 왕성하게 먹어치운다.

　오리는 물새이기 때문에 침샘이 없어 먹이를 물과 같이 먹으므로 물을 충분히 확보해주어야 한다. 어린 새끼 때는 사료를 물에 불려주어 소화가 잘되도록 한다. 요즘은 오리 전용 사료가 나오기 때문에 그것을 이용하고 풀을 먹을 수 있도록 일반 풀을 주기도 한다.

　논에 풀어 넣어도 먹이를 주어야 한다. 논에서 먹이를 자급할 수 없기 때문이다. 먹이가 많이 모자라면 벼 잎을 씹을 수 있으므로 적당량을 주어야 하는데, 이는 논에서 오리의 행동을 잘 관찰하여 체험을 통해 익히는 수밖에 없다.


### 오리망과 오리집 만들기
너구리와 같은 천적으로부터 오리를 막으려면 논에다 망을 치는 것이 필수다. 모내기가 끝나면 바로 망을 쳐서 오리를 넣을 준비를 한다. 1.2미터 크기의 기둥을 논 귀퉁이에 설치하고 사이사이에 4미터 간격으로 지주를 세우고 중간 지주 맨 위에 철사가 들어갈 홈을 파서 보호망 윗 부분을 팽팽하게 당길 수 있도록 하고 보호망 밑 부분은 삽으로 꾹꾹 눌러주어 논바닥에서 뜨지 않도록 한다.

오리망은 반드시 논둑 안쪽으로 20센티미터 정도 들어가 논 안에서 쳐야 한다. 망이 논둑으로 쳐지면 오리가 논둑으로 올라가 잠을 자다 천적에 잡혀먹힐 수가 있다. 오리는 반드시 만들어준 집에서만 자도록 해야 한다. 또한 논둑에다 망을 치면 논두렁의 풀을 베기가 어렵다. 예취기로 논둑의 풀을 벨 때도 망이 논둑에 있으면 예취기 날로 망이 망가지기도 하고 풀도 제대로 베기 힘들다. 보호망은 오리망 전용으로 나오는 것이 있으므로 미리 주문하여 구입한다.

오리집은 잠잘 때 천적으로부터 오리를 보호하고, 집 안에서 털도 말리고, 장마철 비와 바람을 피할 수 있는 공간이다. 그래서 오리집은 핵심적으로 두 가지 점을 유의해야 한다. 즉 천적을 막을 수 있도록 쇠로 된 강한 재질을 선택할 것, 두 번째로는 오리가 충분히 털의 물을 말릴 수 있도록 바닥이 땅에서 어느 정도 떨어지게 하여 통풍이 좋게 할 것 등이다. 오리는 기본적으로 물을 좋아하지만 잘 때는 반대로 물을 충분히 말릴 수 있어야 한다. 오리집 재질은 스레트나 하우스 철재이면 충분하고 논 9백평 기준으로 2평 정도면 적당하다. 특히 중산간 지역에서는 밤에 너구리 피해가 많으므로 오리집은 철망으로 튼튼히 만들어야 한다.

### 본답 준비

본답 준비에서 중요한 것은 바닥 평탄작업과 높은 논둑 만들기에 있다. 이는 물을 깊게 대고 물이 고르게 고이게 하기 위해서이다. 수심이 얕으면 오리가 제대로 활동하지 못한다. 오리가 물에서 헤엄쳐 다니며 활발하게 활동하도록 심수관리를 하는 게 관건인데, 그렇지 않고 오리가 물에서 걸어다닐 정도로 얕게 되면 제초효과를 제대로 볼 수가 없다. 게다가 물이 얕으면 심수에 의한 제초효과도 떨어져 이래저래 풀이 무성하게 된다.

또 물이 고르지 못하면 오리 활동도 고르지 못해 물이 얕은 곳은 풀이 무성하게 되므로 항상 골고루 물이 10센티미터 이상은 되게 관리해주어야 한다. 그래서 심수관리를 위해서는 튼튼하고 높은 논둑 만들기가 필수다. 높이는 최소한 15~30센티미터까지 만들어주어야 하는데, 되도록 30센티미터로 만드는 게 좋다. 둑이 높으면 냉해방지에도 도움이 되고 줄기를 고르게 키우는 데 도움이 된다. 또한 오리가 성장하게 되면 물을 더 깊게 대어야 하는데, 이를 위해서도 둑을 높이 만들어주는 게 필요하다.


## 오리 방사와 관리

### 오리 방사

오리 방사는 부화한 지 5, 6일된 새끼를 모낸 후 7~10일 안에 넣는 조기 투입이 좋다. 오리를 넣을 때에는 반드시 따뜻한 날이어야 한다. 흐린 날이나 비가 오는 날, 또는 저녁에 방사를 하면 물에 젖은 어린 오리가 몸이 잘 마르지 않아 체온이 떨어져 죽을 수가 있다. 만약 그런 놈이 있으면

▶ 열심히 벌레를 잡고 있는 오리들.

▶ 오리농법 단지. 논마다 오리집과 오리망이 보인다.

▶ 집에 들어가 있는 오리들. 오리들은 따로 사료도 공급해주어야 한다. 배가 많이 고프면 오리들은 잘 움직이질 않는 습성이 있다.

헤어드라이기로 몸을 말려준다. 그럼 곧 죽을 것 같던 놈이 곧 다시 살아나기도 한다.

논의 물은 항상 오리가 헤엄쳐 다닐 수 있도록 심수관리를 해주는데, 처음에는 벼 키의 3분의 2 정도로 관리하고 점차 2분의 1로 낮추어 주다가 벼 생육에 따라서 점차 높게 관리한다.

사료는 아침과 저녁에 주며 초기에는 9백 평당 1일 2킬로그램, 중반기에는 4킬로그램, 후반기에는 6킬로그램 정도 급여하며 출하 전에는 사료를 많이 주어 체중을 늘린다.

먹이를 줄 때 손뼉을 치거나 소리를 낼 수 있는 도구를 이용하여 오리가 모이도록 훈련을 시키면 동시에 사료 급여가 가능하고 출하시에도 오리를 붙잡아두기가 편리하다.

오리에게 먹이를 줄 때는 오리가 완전히 모였을 때 주어 골고루 먹도록 해준다. 멀리 가 있다 온 놈은 늦게 오느라 일찍 온 놈들에게 먹이를 다 빼앗길 수 있다. 먹이를 줄 때는 항상 부족하게 주어 스스로 풀과 벌레를 찾아 먹이 활동을 하도록 하게 해야 한다.

중산간 지역에 많이 발생하는 벼 물바구미는, 모의 상태를 고려하여 일찍 오리를 넣어 애벌레가 뿌리로 내려 가기 전에 잡아먹도록 해야 피해를 막을 수 있다. 이화명나방 및 끝동매미충 등 해충은 오리가 부리로 진공청소기처럼 흡입하여 먹기 때문에 해충의 피해는 문제가 되지 않는다.

오리가 클 수록 논물을 깊이 대어 오리가 걸어다니지 않고 수영할 수 있도록 관리한다. 중간 낙수는 한쪽 논에만 물을 대고 한쪽 논에는 물을 일시적으로 낙수 시키면 오리는 물이 있는 논에서 놀게 되어 자연 중간낙수가 된다.

## 오리 방출과 출하

벼이삭이 나오기 시작하면 오리를 붙잡아야 한다. 오리가 이삭을 건드리거나 먹어버리면 곤란하기 때문이다. 그런데 이때쯤 되면 이미 벼가 다 자라 풀이 날 틈이 없어 사실상 오리의 역할은 끝인 셈이다.

오리집에다 먹이를 주어 유인하여 오리가 다 모였을 때 잡아낸다. 이때 다 잡지 못하고 몇 마리를 놓치게 되면 이놈들은 아주 경계심이 높아 있어 여간해서는 붙잡을 수가 없다. 따라서 한번에 다 잡는 것이 중요하므로 사전에 충분히 잘 준비하여 붙잡도록 해야 한다.

오리를 한꺼번에 내다팔지 못할 경우는 잡아죽여 냉장고에 저장했다가 오리한약중탕을 만들어 판매하는 것도 좋은 방법이 될 수 있다. 근래에는 값싸고 큰 중국산 오리가 많이 들어와 체구가 작은 오리농법 오리를 음식점에서 기피하고 있는데다. 오리농법이 많이 확산되면서 일시에 많은 오리가 출하되고 있어 판매에 많은 어려움이 따르고 있다. 오리농법의 확산을 위한 오리 가공 방법이 모색되어야 할 것이다.


## 오리농법에 있어 문제점과 대책

오리농법은 참으로 기가 막힌 친환경 농법이지만 또한 잘못하다가는 실패하기도 쉬운 농법이기도 하다. 이는 오리농법만의 문제가 아니라 인간이 하는 일이란 다 완벽한 것이 없기 때문인 것과 같은 이치라 믿는다. 앞에서도 지적했듯이 오리가 모든 걸 해결해준다고 확신해서는 안 된다.

오리의 자연적 습성을 논에서 잘 발휘될 수 있도록 조건을 제대로 만들어 주는 게 무엇보다 중요한데, 실패할 경우는 대부분 이를 하지 못한 데서 나온다고 보면 된다.

다음은 오리농법에서 가장 대표적으로 겪을 수 있는 문제점을 소개하고 그에 대한 대책을 말해보고자 한다.

### 야생 동물로부터의 피해(너구리, 족제비 등)

오리망을 약한 나일론망으로 쳤기 때문에 들짐승들이 뚫고 들어와 오리를 잡아가는 일이 많았다. 한때는 전기 목책을 이용해봤으나 별 효과가 없었다. 철망을 이용하는 수도 있지만 비용과 관리가 많이 들어가기 때문에 넓은 면적에서는 불가능하다.

그래서 홍성 지역에서는 오리 막사를 철망으로 튼튼하게 설치하고 아침 일찍 먹이를 주면서 논에 내어놓고 해지기 전에 저녁을 주면서 막사 안에 가두는 방법을 쓰고 있다. 즉 천적의 위험이 가장 큰 밤에는 활동을 못하게 하는 것이다. 오리는 기본적으로 야행성이라 그만큼 제초효과가 떨어진다고 하지만 아침을 적게 주고 저녁을 많이 주면 낮의 활동만으로도 제초 효과는 충분하다. 또 오리가 천적에게 피해를 당하는 것보다 조금은 활동을 덜 하게 하는 것이 더 낫다.

### 벼 포기에 붙은 피의 문제

튼튼한 모를 이앙하고 더불어 오리를 조기 투입하여 피가 발아하기 전에 탁수현상을 일으키도록 해서 피를 제압해야 하지만, 조기 투입하지 못하여 피가 강해졌을 경우 인력으로 제거하는 수밖에 없다.

### 물관리가 잘 안 되어 부분적으로 풀이 무성해졌을 때

이런저런 작업을 한다고 다 했는데도 부분적으로 풀이 많이 난 곳이 있으면 그곳에다 사료를 뿌려주어 오리를 유인하는 방법이 있다. 그러면 오리가 모여들어 피의 줄기를 꺾고 뿌리를 자르면서 떨어진 모이를 먹는다. 그러나 이 작업은 한번 갖고는 안 되고 한 10일 이상은 매일 해주어야 효과를 볼 수 있다. 그리고 벼도 피해를 입을 수 있기 때문에 벼가 확실하게 뿌리를 내린 곳에서나 작업이 가능하고, 또한 아주 넓은 면적에선 이 방법을 쓰기에 역부족이므로 작은 논에서나 가능한 작업이라 하겠다.

### 일 끝난 오리의 판매 처분 문제

일시에 출하 판매가 어려우므로 오리 가공 방법 및 시설이 필요하다. 현재 오리농법이 많이 확산되면서 일 끝난 오리가 일시적으로 많이 나오기 때문에 판매에 많은 어려움이 있다. 홍성에서는 오리 새끼를 가져가는 농장에다 다음해 오리 새끼를 가져오는 조건으로 되돌려보내고 있는 실정인데 이는 근본 대책이 아니어서 다른 대책이 장기적으로 필요하다.

### 오리 공동 육추 및 관리

육추시설이 필요하므로 공동 육추하여 노력과 경비를 줄이도록 하고 가능하면 일 끝난 오리도 함께 관리하여 판매하는 것도 효과적이다.

# 우렁이 농법

농사는 풀과의 전쟁이라 할 정도로 제초는 농사에서 가장 어려운 일이다. 특히 제초제를 쓰지 않는 친환경 농법에서 제초 문제는 더욱 넘기 어려운 관문이다. 밭농사에서는 비닐 피복 또는 그밖의 생태 피복을 쓰는 방법이 있지만 무논에서는 피복이 불가능하니 어쩌면 제초 문제가 논에서 더 심각하다 할 수 있다.

우렁이 농법은 바로 무논에서 제초 문제를 해결하기 위한 수단으로 제시된 것이다. 우렁이는 풀을 아주 좋아하는 대식가다. 그러나 여기에서 우렁이는 토종이 아니라 열대산 왕우렁이로 주로 중국 남부지방의 것을 들여온 것이다. 토종도 풀을 먹기야 하지만 왕우렁이만큼 대식가가 아니어서 제초 수단이 되지 못한다.

우렁이가 풀을 좋아한다면 벼도 먹지 않겠냐고 의문을 가질 수 있다. 그러나 우렁이는 물 속의 풀만 먹는 습성이 있다. 즉 모를 크게 키워 모가 물에 안 잠기게 하면 우렁이는 벼를 먹지는 않는다.

오리는 잡식인 반면 우렁이는 초식이다. 그런 점에서 우렁이는 제초 전

문가라 할 수 있다. 물론 오리도 제초를 하지만 우렁이만큼 풀 대식가는 아니다. 우렁이가 못하는 것이라면 해충 문제인데, 그래서 우렁이가 풀을 다 해결하고 나면 오리를 풀기도 한다. 그러나 기본적으로 우렁이 농법 벼는 생명력이 강해 병해충 대항력이 높아진다.

우리나라에서 우렁이를 처음 논농사에 활용하기 시작한 사람은 충북 음성의 최재명라는 농부다. 이분은 오랫동안 유기농사를 지어왔는데, 우렁이를 제초꾼으로 활용한 것은 아주 우연한 일이었다. 아들이 부업거리로 시작한 식용 우렁이 양식 사업이 실패하여 남은 우렁이를 우연히 논에 뿌렸다가 이놈들이 탁월한 제초꾼인 것을 알게 되었다.

## 우렁이 농법 성공의 관건

우렁이 농법도 오리농법과 마찬가지로 성묘 기르기가 중요하다. 우렁이는 기본적으로 물 속의 풀만 먹고 물 위로 나온 풀은 먹지 않기에 우렁이가 벼모를 먹지 않도록 모를 확실하게 수면 위로 나오게 해야 하기 때문이다. 어린 풀은 물 수면 위로 올라왔다 해도 우렁이가 풀을 꺾어서 먹기도 하기 때문에 되도록 성묘일수록 좋다.

다음으로 중요한 것은 심수관리다. 이 또한 마찬가지 이치인데, 되도록 많은 풀을 우렁이가 먹도록 하려면 풀을 물에 잠기게 해야 하기 때문이다. 물을 깊게 대면 그 자체도 제초 효과가 있을뿐더러 천적으로부터 우렁이를 보호하는 기능도 할 수 있어 좋다. 그러나 무조건 물이 깊다고 좋은 것은 아니다. 벼모가 물 깊이만큼 수면 위로 올라오게끔 한다는 것을 염두에 두고 물을 대야 한다. 또 물이 너무 깊으면 우렁이가 물살에 쓸려서 활동이 둔해질 수 있으므로 상황에 따라 수심을 조절하는 것이 필요하다. 어쨌든 그래서 성묘 기르기와 심수관리는 우렁이 농법에서도 기본이라 하겠다.

세 번째로 중요한 관건은 논바닥을 평평하게 만드는 작업이다. 바닥이 고르지 못하여 어떤 곳에는 풀이 수면 위로 올라왔다면 우렁이는 이런 곳의 풀을 해결하지 못한다. 우렁이는 자기보다 물이 얕아 약간이라도 등껍질이 수면 위로 나오게 되면 활동을 잘 못하는 습성이 있다. 그런데 논의 상태에 따라 불가피하게 바닥 평탄작업을 제대로 하지 못했다면 그럴 경우에 대비하기 위해서라도 물을 깊게 댈 수 있는 조건을 만들어놓아야 한다. 앞에서 말한 대로 성묘 기르기가 그래서 더 중요하며 더불어 둑을 높게 만들어놔야 물을 깊게 댈 수 있을 것이다.

마지막으로 우렁이가 논에서 빠져나가지 못하도록 배수구를 잘 막아주어야 한다. 배수구 구멍을 철망으로 막아주는데, 평평하게 막지 말고 철망을 둥그렇게 돔식으로 만들어 막거나 삼각형으로 각지게 만들어 막는 게 좋다. 평평하게 그냥 막으면 찌꺼기 같은 것이 떠내려와 철망이 막힐 우려가 있기 때문이다.


## 우렁이 농법의 준비

### 튼튼한 성묘 기르기
튼튼한 성묘 기르기는 방금 앞에서도 말했듯이 유기농 벼농사에 기본이라 보면 된다. 그러나 사실 유기농 벼농사만이 아니라 벼농사를 관행으로 하더라도 성묘로 키워야 제대로 할 수 있을 것이다. 물을 깊게 대더라도 모가 잠기지 않게 하기 위해서인데, 그러나 모가 단지 길쭉하기만 해서는 안 된다. 길기만 하고 연약하면 우렁이가 꺾어서 먹어버릴 수 있다. 길면서 줄기가 강해야 우렁이 피해를 입지 않는다.

모를 낼 때는 오리농법보다 적게 심어도 좋다. 오리농법에선 오리가 건드려 쓸어뜨릴 우려 때문에 한 포기당 3~4개 심는 게 좋지만 우렁이 농법에선 한두 개도 괜찮다. 하지만 흑향미나 흑미는 분얼을 적게 하기 때문에 4~5포기 정도로 많이 심는 게 좋다.

우렁이 농법에선 모내기를 되도록 손으로 하는 게 좋다. 이앙기로 하면 뜬모가 많이 발생하는데다 모가 활착하는 데 손모보다 약하기 때문에 우렁이 피해를 입을 수 있다.

평당 주수도 마찬가지로 적게 심는데 앞의 오리농법에서처럼 70주 미만으로 한다. 오리에선 오리가 활동하기 좋도록 하기 위한 것이지만 기본적으로 적게 심어 많이 분얼시킨다고 생각해야 한다. 모 간격을 15~20센티미터로 하면 적당할 것이다.


본답 준비

우렁이 농법에서 본답 준비의 핵심은 바닥 평탄작업이다. 다음으로는 물을 깊게 댈 수 있도록 둑을 높고 튼튼하게 정비하는 것이다.

장마에 물이 넘쳐 떠내려갈 것에 대비해 둑 가로 그물을 친다든가, 황새 같은 대표적인 천적에 대비하기 위해 논 위쪽으로 그물을 치기도 하지만 구태여 그렇게까지 수고하지 않아도 큰 문제는 없다. 우선 우렁이를 입식할 때 이를 대비해 큰놈과 작은놈을 골고루 섞어 넣어줄 필요가 있다. 장마나 천적에 피해를 입으면 작은놈들이 자라 다음 역할도 하고 또 큰놈이 낳은 알이 부화하여 이어서 활동할 수 있도록 하기 위해서다. 또 새는 한 곳을 집중적으로 공격하지 않기 때문에 의외로 큰 피해를 주지는 않는다. 요새는 친환경 농사로 인증을 받으려면 혼자선 힘들고 여러 농가가 큰 구역을 설정해야 가능하기 때문에 이렇게 크게 우렁이 논을 만들면 천적의 피해도 별로 크지 않다. 천적 중에 들쥐가 제일 피해를 준다고 한다지만 그 정도도 감수할 만하다. 물론 입식할 때 우렁이 양을 좀더 여유 있게 넣어주어야 한다.

### 우렁이 입식과 관리

우렁이를 넣는 시기는 오리와 마찬가지로 적당한 때를 맞추는 것이 아주 중요하다. 로터리를 쳐놓고 물을 담았는데 불가피한 사정이 생겨 모를 내지 못했다면 모내기 전이라도 우렁이를 넣어야 한다. 로터리로 풀을 일단 잡았어도 보름이 지나면 피가 또 올라오기 때문에 로터리를 치고 나서 열흘 즈음에는 반드시 우렁이를 넣어야 한다. 그래서 로터리를 친 3∼4일 후 모내기를 하고 그 다음 일주일 후 모가 안전하게 활착했을 즈음 우렁이를 입식하는 게 자연스러운 순서다. 일주일이 중요한 게 아니라 모가 활착하는 것이 중요하므로 빨리 활착만 되면 바로 우렁이를 넣어주어야 한다.

그럼 모내기 전에 우렁이를 넣으면 모낼 때 우렁이가 밟혀 죽거나 활착하지 못한 모가 우렁이 피해를 보지 않겠는가? 물론 이런 방법이 절대 좋은 것은 아니나 모를 제때에 못 내도 우렁이는 반드시 제때에 넣어야 한

▶ 입식 전의 우렁이.

▶ 입식할 때는 특별히 조심할 것은 없고 사진처럼 살살 방사해주면 알아서 논 곳곳으로 퍼져간다.

▶ 논에서 활발히 활동하고 있는 우렁이들.

▶ 우렁이가 매우 크게 자랐다.

▶ 우렁이 알. 우렁이가 볏대에다 알을 까놓았다. 분홍색의 우렁이 알이 신비롭다.

다는 것이다. 어쩔 수 없이 우렁이 입식 다음에 모를 낼 경우 이앙기나 사람 발에 우렁이가 밟히더라도 논 바닥이 뻘이라 충분히 피해갈 수 있어서 그렇게 큰 피해는 없다.

입식할 때는 둑 가에서 살살 걸어가며 흘려 뿌려주면 된다. 그러면 우렁이는 스스로 흩어져서 충분히 자기 힘으로 논 구석구석까지 들어간다. 일부러 논 안에 들어가 흩어뿌릴 필요가 없는 것이다. 안에 들어가 일을 하면 금방 우렁이들이 흩어지는 것이 아니기 때문에 도리어 사람 발에 밟혀 깨질 우려가 있다. 또 안에 들어가 뿌려주다 아직 어린 모를 다치게 할 우려도 있을 것이다.

우렁이 입식 양은 3백 평당 5킬로그램이면 적당하나 여분을 좀더 넣어주는 게 좋다. 가격은 그때그때 변하는데, 대략 1킬로그램당 6천 원쯤 생각하면 된다. 일정을 잘 잡아서 미리 예약해놓는 것이 좋다.

논 관리에서는 둑 안쪽 풀을 제초하는 것이 중요하다. 우렁이는 기본적으로 물 속에서 활동하지만 알을 낳을 때는 보통 둑으로 나와 풀에 매달려 알을 줄기에 매달아 놓는 습성이 있다. 따라서 둑에 풀이 무성하여 뒤엉켜 있으면 우렁이가 알을 낳고 다시 논으로 못 들어갈 수 있다.

오리는 벼가 이삭을 팰 때쯤 논에서 방출하지만 우렁이는 그럴 필요가 없다. 오리는 이삭을 먹어버리거나 이삭이 여물 때 피해를 주는 데 반해 우렁이는 전혀 그럴 염려가 없기 때문이다. 오히려 그대로 논에 놔두어 거름이 되게끔 하는 게 더 좋다. 우렁이 껍질에 다량 함유되어 있는 키토산이 좋은 거름이 되기도 한다.

우렁이를 식용으로 출하하면 일거양득이지 않겠냐고도 하지만, 논우렁이는 풀을 먹고 자라 영양도 적고 질긴데다 맛도 떨어져 식용 가치가 없다. 설사 식용 가치가 있다 해도 논에서 우렁이 역할이 끝나 방출할 즈음이면 시장가격이 떨어질 때라 경제성도 별로 없다. 식용 우렁이도 봄에 비쌌다가 가을이면 싸지기 때문이다.


## 우렁이 농법의 장점과 전망


우렁이 농법은 우선 비용이 적게 들고 일이 매우 쉽다는 게 가장 큰 장점이다. 3백 평당 5킬로그램이면 적당한데, 비용은 킬로그램당 6천 원쯤이니 마리당 1, 2천 원 하는 오리를 3백 평당 30마리 넣는 오리농법에 비해 적게 들기도 하지만 무엇보다 우렁이를 위한 시설이 따로 필요없으니 그것까지 치면 비용이 절대적으로 적게 든다.

비용도 비용이지만 관리가 매우 쉽다는 것이 또한 큰 장점이다. 오리는 논에서 활동하는 기간도 짧고 또 방출해서 판매해야 하는 수고로움이 있지만 우렁이는 방출하지 않고 그대로 논에 놔두면 끝이기 때문이다.

다만, 오리농법은 직접적으로 동물과 사람이 교감하며 농사를 짓는 즐거움을 주어 그에 따른 농부들의 유대감을 높여주고, 또 눈에 확 띄어 전시 효과나 도시 아이들의 농사체험 등 부가적인 효과가 있는 장점이 있다. 그에 비해 우렁이는 다른 일반 논과 겉으로 보기에는 다를 바 없는 평범한 논이어서 그런 효과는 낮다 하겠다.

또 우렁이는 외래동물이어서 그것이 토착했을 때 문제될 수 있는 생태적 영향이 아직 확실하지 않은 점도 있다. 물론 열대산 왕우렁이가 국내에 들어온 것은 우렁이 농법 때문이 아니다. 식용으로 수입되어 양식을 시작한 지는 꽤 오래되었건만 그때는 한번도 이런 문제가 제기된 적도 없었고 또 그런 일도 없었다. 조심할 필요는 있겠으나 친환경 농법으로서 개발된 획기적인 가치는 잘 보전·발전되어야 할 줄로 믿는다.

## 우렁이 농법에 있어 문제점과 대책

### 벼 포기에 붙은 피의 문제

그동안 벼 포기 사이에서 자라는 피는 우렁이가 해결하지 못하는 것으로 알려져 있었다. 물론 육묘상자에는 우렁이가 없으므로 육묘상자에서 발아한 피는 손으로 직접 잡아주어야 한다. 그러나 앞에서도 말했듯이 성묘로 모를 키우고 제때에 우렁이를 넣으면 얼마든지 피도 잡을 수 있다. 그런데 때를 놓치거나 다른 예상치 않은 문제로 해서 피를 잡지 못해 피가 벼와 키가 같게 커져버렸다면, 물을 둘다 잠기도록 아주 깊게 대는 방법도 있다. 보통 피는 빨리 자라기 때문에 벼보다 연해서 둘다 물에 잠기도록 하면 우렁이는 억센 벼보다 연한 피를 먹는다. 물을 모가지까지만 잠기게 해도 피는 연해서 끝이 수면의 표면장력으로 끌리게 되고 그러면 우렁이가 이를 꺾어서 충분히 먹어치운다.

### 천적 문제

여러 농가가 작목반 식으로 구역을 크게 설정해놓으면 별 문제가 없는데, 혼자서 따로 떨어져 있으면 아무래도 천적이 걱정이 된다. 그러나 우렁이가 워낙 번식력이 좋아 처음엔 새나 쥐가 많이 잡아먹어도 곧 증식하여 회복이 된다. 그래도 처음엔 피해가 있으니 좀더 양을 많이 넣을 필요는 있다. 대략 10퍼센트 이상 더 넣어주면 충분하다. 그리고 반짝이 띠를 설치해주면 새 피해는 어느 정도 막을 수 있다. 이때는 논 둘레도 쳐주고 가운데로는 몇 미터 간격으로 쳐준다. 자석을 둘레에 설치해도 효과가 있다. 새들은 자기장 센서가 있어 그것으로 방향을 잡아 날기 때문에 자석을 달아두면 교란이 생겨 접근을 잘 못 한다. 도시 주변에 버려진 냉장고에서 줄로 된 자석을 뽑아다 매달아두면 된다.

### 우렁이는 짝짓기를 오래하여 일을 잘 안 한다는 우려

우렁이는 짝짓기를 거의 48시간 동안 한다. 그러나 모든 놈들이 동시에 짝짓기를 하는 것도 아니고 한번 하면 그렇게 하는 것이지 매번 짝짓기만 하는 것은 아니니 별 걱정 안 해도 된다. 보통 짝짓기란 때가 되면 하거나 위기가 닥치면 하는 것이니 안정되게 환경을 조성해주면 된다.

### 왕우렁이가 토착화하여 생태계 및 다른 논에 피해를 줄 우려

아무래도 외래생물을 우리 논에 넣는다는 것이 걱정은 되겠지만 현재까지는 토착화된 것으로 보이지는 않는다. 일부에서는 왕우렁이가 토착만 한다면 우리의 생태계는 황소개구리보다 더 큰 혼란에 빠질 것이라 비판하기도 한다. 우렁이는 엄청난 대식가이기 때문에 우리 들녘의 풀들이 살아남기 힘들 것이라는 점 때문이다.

실제로 해남같이 남쪽 지역에선 우렁이가 월동하는 사례도 있고 그렇게 해서 담수 직파한 논에서 피해를 본 경우도 있다고 한다. 담수 직파를 하면 볍씨가 물 속에서 발아하기 때문에 월동한 우렁이가 이를 먹어치우는 것이다. 그러나 우렁이는 영하만 내려가면 얼어죽기 때문에 남쪽이라 해도 살아남는 놈들은 매우 적어 실제로는 별로 피해를 주지 않는다. 담수 직파를 하는 경우 파종을 배게 하기 때문에 오히려 옆의 우렁이 논에서 월동한 놈이 넘어와 싹을 솎아준 역할을 하여 농사가 더 잘된 사례도 있다. 물론 이를 일반화할 수는 없겠지만, 어쨌든 우렁이는 물이 없으면 살지 못하기 때문에 월동을 한다 해도 물을 잘 가둬두고 성묘 모내기만 하면 피해는 없을 줄로 안다.

또 월동에서 살아남은 우렁이는 벼가 거의 자란 6월쯤 알을 낳기 때문에 이후 알에서 부화한 우렁이라도 벼에 피해를 줄 일이 없다. 우렁이는 반드시 물에 잠긴 풀만 먹기 때문이다.